책문화공간과 도시재생

홍대앞 책문화공간을 중심으로

책문화 공간과 도시 재생

2017
세종도서 교양부문

홍대앞 책문화공간을 중심으로

최준란 지음

HUINE

머리말

사람들이 문화적 요인에 의해 모이는 곳을 '문화공간'이라고 정의하며 이러한 공간에서는 강한 인구 응집력을 가진다. 문화공간은 문화적 요인에 의해 조성되는 동시에 문화적 관계에 영향을 미칠 때 비로소 사람들을 끌어들이면서 공간으로서의 진정한 의미를 갖게 된다.

근대 이후 이러한 문화공간은 다양한 모습을 띠게 되었고, 최근 들어 문화를 바탕으로 한 도시재생 사업에 관한 관심이 증가하고 있다. 1991년 지방자치제가 부활하면서 민관이 다양하게 협력하여 지역의 특색과 문화적 가치를 높이는 도시재생 사업에 더욱 활발하게 나서게 된 것이다. 1970년대 새마을운동으로 대표되는 경제개발 위주의 발전이 지역 발전 불균형과 지역민 이탈 및 소외현상을 낳게 되었다. 이러한 문제점을 타개하기 위해 지자체들은 각 지역이 가지는 역사적·장소적 특성과 가치를 문화콘텐츠로 활용한 도시재생 사업을 활발하게 진행함으로써 지역민과 외부인을 끌어들여 도시의 균형 발전을 꾀하고 있다.

지금까지의 문화적 도시재생은 문화예술 측면에서 접근하든 건축예술 측면에서 접근하든 산업화와 밀접한 연관이 있었다. 도시재생 연구가 근대적 공업화 과정에서 초래된 생산과 분배의 경제적 불평등을 해소하기 위해 시작된 것이지만, 여전히 이윤 창출과 자산 가치 상승에 목적을 둔 산업화의 틀에서 연구되었기 때문이다. 그러다 보니 문화적 도시재생이라 해도 재건축·재개발 중심의 주거환경이 개선되었을 뿐 문화 주체인 인간은 오히려 존엄성을 잃게 되고, 결과적으로 심각한 인간 정신의 상실을 낳게 되었다. 그러므로 지금까지의 도시재생 사업을 돌아보면서 문화적 도시재생의 진정한 의미와 가치를 반추해보아야 한다.

도시재생이 경제개발 위주의 산업화로 인한 폐해에서 비롯된 연구라면 오히려 기존 산업화의 틀에서 벗어나 자유로운 비산업적 성격을 띠어야 하지 않을까? 그렇다면 비산업적 도시재생이란 무엇이며 어떤 가치를 지녀야 할까?

도시는 사람들이 삶을 일구는 터전이다. 도시를 되살리려면 인간 삶이 최우선으로 되어야 한다. 인간 삶은 관계로 구성되어 있다. 따라서 사람들 간의 관계를 새롭게 조직하고 활성화하여 사회적 가치(문화)를 창출함으로써 도시의 생동감을 복원하는 것이 도시재생의 진정한 가치라 할 수 있다. 그렇다면 인간이 주체가 되어 이윤의 극대화뿐 아니라 새로운 문화를 창출하여 도시를 재창조하는 것, 다시 말해 경제성장을 넘어 인간의 전면적 성장을 촉발하는 '인간 존중 도시재생'이야말로 진정한 비산업적 도시재생인 셈이다.

따라서 역동적이고 지속적인 도시재생의 동력으로서 비산업적 속성은 다음과 같다고 할 수 있을 것이다.

첫째, 스스로 즐기고 누리는 기쁨이 있어야 한다. (개인의 삶, 문화 향유)

둘째, 자신이 누린 즐거움을 기꺼이 나누어야 한다. (관계 조직, 자발적 공유와 소통)

셋째, 개인의 권리를 넘어 사회적 목적을 위해 연대해야 한다. (조직 활

성화, 사회적 가치 창출)

넷째, 함께 삶터를 꾸려 공동체적 삶을 되살려야 한다. (도시재생, 인간의 존엄성 회복)

비산업적 도시재생의 궁극적 가치는 도시를 공동체의 삶터로 되살림으로써 지역문화를 새롭게 창조하고 개인의 존엄성을 회복하는 데 있다. 비산업적 도시재생에서 '문화공간'은 매우 중요한 역할을 한다. 문화를 형성·유지·발전·창조하는 모든 과정에서 활동의 근거가 되고 평가·분석의 지표가 되기 때문이다. 경제 중심의 도시재생에서는 매출이나 고용 지수 등으로 지표를 삼지만, 인간 중심의 도시재생에서는 대안적 지표가 필요하다. 바로 '문화공간의 특성'이 그 지표가 될 수 있다.

비산업적 도시재생에 필수적인 문화공간의 특성은 앙리 르페브르(Henri Lefebvre)의 생동공간, 레이 올든버그(Ray Oldenburg)의 제3의 공간, 그리고 리처드 플로리다(Richard Florida)의 창조도시에서 시사점을 얻을 수 있다. 명칭은 다소 다르지만 생동공간, 제3의 공간, 창조도시의 핵심요소는 '사람'이다. 사람의, 사람에 의한, 사람을 위한 공간이야말로 비산업적 문화공간의 시작이자 끝이라고 할 수 있다. 사람들이 관계를 조직하는 '생동공간'은 다양한 사람들의 소통을 통해 '제3의 공간'으로 발전하고, 그 안에서 개인의 자율성과 공동체의 규범 원칙을 지키며 정체성을 찾아 나가는 '창조적 인재'에 의해 창조도시로 거듭난다. 그렇게 되살아난 공동체적 삶터는 역동적이고 지속적인 문화공간이 되는 동시에 비산업적 도시재생의 중요한 동력이 된다.

저자는 인간이 중심이 되는 지속 가능한 비산업적 도시재생을 다양한 개념과 배경 이론, 국내외 사례들, 특히 홍대앞 사례를 통해 한국적 도시재생의 나아갈 방향을 모색해보았다.

홍대앞은 최근 비산업적 도시재생에 가장 성공한 지역으로 볼 수 있다. 홍대앞은 홍대앞만이 지니고 있는 장소적 특성과 지역민들의 활동으로 새로운 문화공간이 활성화된 대표적인 곳으로 평가받고 있다. 인디문화 예술인이 자발적으로 모여들어 독자적인 문화를 이끌어가는 모습도 독특하고, 미술로 특화된 유명한 대학을 끼고 있어 예술적 향기도 짙게 풍기며 교통의 요충지라는 장점도 두드러진다. 또한 홍대앞에는 문화적 특성을 지닌 다양한 공간이 존재한다. 갤러리, 공방, 아트숍 등 미술 관련 문화공간과 라이브클럽, 공연장 등 음악 관련 문화공간이 공존한다.

여기에 출판사들이 운영하는 북카페와 서점, 아카데미 등 책 관련 문화공간도 눈에 띈다. 홍대앞은 국내 유수의 출판사들이 밀집되어 있는 곳이기도 하다. 이와 같은 특성을 지닌 홍대앞이야말로 비산업적 도시재생에 필수적인 '문화공간'으로서 최적화된 장소다. 따라서 홍대앞이 지금과 같은 모습을 지니게 된 역사적 과정과 홍대앞에서만 볼 수 있는 독특한 문화공간, 특히 출판과 관련된 책문화공간이 지니는 특성을 분석하다 보면 비산업적 도시재생 사업의 나아갈 길을 찾을 수 있을 것이다.

성공적인 도시재생 사례로 손꼽히는 영국의 헤이온와이 마을과 일본의 츠타야 서점의 사례를 통해 향후 한국에서 추진할 문화적 도시재생의 방향성과 지속 가능한 문화적 도시재생의 요소가 무엇인지 모색해볼 수 있을 것이다. 또한 홍대앞 책문화공간에 대한 이해도를 높이기 위해서는 홍대앞과 인천 배다리역사마을과 파주출판단지를 비교해 보는 것도 꼭 필요하다.

책문화공간이 홍대의 문화적 특성과 맞물려 비산업적 도시재생을 가능하게 하는 공간으로 거듭나려면 어떠한 방향으로 나아가야 할까? 다시 자본주의 산업화에 물들어가는 홍대앞 문화의 성공적인 도시재생을 지속시키기 위해서는 어떤 방향으로 변화해야 하는지 다시 한 번 모색해봐야 할 때이다.

최준란

목차

제1장
문화공간과 도시재생

1. 문화와 문화콘텐츠

문화는 인류 역사와 함께 시작되었고, 문화콘텐츠는 이러한 문화가 산업화하는 과정에서 더욱 확장되고 구체화된 개념이라고 볼 수 있다.[1] 즉 문화콘텐츠는 문화만으로는 설명할 수 없는 부분을 보완해주기 위해 생겼다는 말이다. 그동안 문화콘텐츠는 문화산업적 측면에서 주로 이야기되어왔지만 이는 본디 삶의 질과 더 연관이 깊다. 그렇다면 문화콘텐츠란 무엇인가?

임대근이 정의한 문화콘텐츠는 다음과 같다.

> '문화콘텐츠'란 인간 삶의 질적 가치의 제고를 위하여 문화적 전통과 현상을 특정한 매개체를 통하여 현대화(동시대화)하는 일련의 행위를 말한다.

임대근은 산업적 측면에 중점을 둔 '결과성'보다는 인간 삶의 질적 가치 제고를 위한 '목적성'에 우위를 두고 문화콘텐츠를 정의했다고 볼 수 있다. 한편 임대근은 위의 정의에 덧붙여 문화콘텐츠는 문화에 대한 산업적, 기술적, 정책적 필요에 따라 등장한 개념이라고 보았다. 산업 현장이 요구하는 논리가 담론이 되어 문화콘텐츠를 규정해온 면을 인정하지 않을 수 없으나, 다른 한편으로 오로지 산업적 필요만이 유일무이한 가치가 되어서는 안 되기 때문이다. 문화콘텐츠에 대한 논의와 담론들이 산업중심주의적, 기술중심주의적 흐름으로만 몰입되어서는 지속

1) 임대근, 「문화콘텐츠 개념 재론」, 『문화+콘텐츠』 제4호, 2014, 10쪽.

가능한 성장을 이끌어낼 수 없다.[2]

문화콘텐츠를 통해 문화와 인간, 나아가 세계를 설명하고 해석하기 위해서라면 다음과 같은 문화콘텐츠의 속성을 이해해야 한다. 문화콘텐츠는 인간이 사는 세상이라면 어디에나 존재한다는 편재성, 일상과 연관되어 있어야 한다는 일상성 그리고 대중성 또는 대량성, 통속성, 산업성, 매체성, 쌍방향성, 디지털성 등의 속성을 가지고 있다. 문화콘텐츠는 적어도 이 여덟 가지 속성 중 한 가지는 가지고 있어야 한다. 또한, 문화콘텐츠는 장르별로 출판콘텐츠, 영상콘텐츠, 공연콘텐츠, 전시콘텐츠, 게임콘텐츠, 축제콘텐츠, 테마파크콘텐츠 등 7개 콘텐츠로 분류할 수 있다.

이러한 문화콘텐츠를 가장 잘 보여주는 공간으로 문화공간을 들 수 있다. 영상을 보여주는 공간인 영화관, 음악이나 연극과 무용 등을 공연하는 장소인 극장, 미술작품이나 물건을 전시하기 위한 장소인 전시관 등이 그곳이다. 즉, 문화공간이란 문화콘텐츠의 특징과 속성을 잘 보여주는 장소라 할 수 있다. 예를 들면 북카페는 출판문화를 잘 보여주는 문화공간인 것이다.

최근 북카페는 매우 중요한 문화공간으로 자리매김하고 있는데 그 이유는 무엇일까? 그것은 바로 북카페가 테마로 하는 책이야말로 문화콘텐츠의 속성을 가장 잘 지니고 있기 때문이다. 책은 문화예술의 기초가 되며, 일상에서 쉽게 접하는(일상성, 편재성) 문화콘텐츠로서, 책을 매개로 다양한 커뮤니티(문화공간)를 형성할 수 있다. 그리고 책은 커뮤니티 안에서 사람과 삶에 가치를 두고 소통하게 한다.

문화콘텐츠를 인간의 삶과 분리된 개념으로 바라보는 시각에서 탈피해야 한다.[3] 즉, 문화콘텐츠를 산업적 측면의 결과성에서 벗어나 한

2) 임대근 외, 『문화연구와 문화콘텐츠: 사례분석을 통한 학문적 실천』, 한국외대 지식출판원, 2014. 7쪽.

3) 문화콘텐츠와 인간의 삶의 질을 분리하지 않고 주체와 객체를 하나로 본 점에서는 장자의

단계 나아가 바라보는 시각이 필요하다. 지금까지는 문화적 도시재생이라고 해도 단순히 환경이나 문화적 측면을 좀 더 배려하는 정도의 도시정비에 불과했다. 그러나 향후 나아가야 할 도시재생은 인간의 삶의 질에 가치를 둔 문화적 도시재생이어야 한다.

문화콘텐츠가 있는 곳에서 사람들과 삶의 질적 추구를 찾아야 한다. 사람들은 모이고 함께 나누며 공유하고 싶어 한다. 책을 매개로 만들어진 문화공간 중 하나인 북카페를 예로 들어보자. 책을 매개로 모이는 이유 가운데는 지적탐구의 욕구가 있기 때문이다. 지적탐구를 통해 자기 삶의 가치를 찾으려는 것이다. 삶의 가치를 찾고 그것을 공유하고 나누고자 하는 것은 인간 고유의 특성이다. 인간은 본능적으로 비슷한 목적을 가진 사람들을 찾아 하나의 공간으로 모여든다. 사람과 공간은 떼려야 뗄 수 없는 관계인 것이다. 그렇다면 그러한 공간 속에서 사람들은 저마다의 가치를 추구하며 행복해할까? 그렇지 않다. 우리는 일정한 공간 속에 살면서 많은 문제에 부딪힐 수밖에 없다. 또는 같은 목적으로 모였지만 세부적인 이해관계가 다를 수 있다. 어떤 공간에서 내가 누리고자 하는 방향이 다를 때 그 공간의 지속적 발전에는 한계가 생긴다.

앙리 르페브르는 이러한 현상에 주목했다. 그리고 그는 사람들의 지속적인 관계 속에서 발전하는 공간을 '생동공간(The lived)'이라고 정의했다. 생동공간은 사람다운 삶이 구현되는 조건이 실현되는 공간을 말하는데 문화적 가치가 깃들어 있는 공간이 생동공간의 주요 요소가 된다.[4] 공동체 마을을 예로 들어보자. 공동체 마을은 다 함께 잘 사는 마

천인합일(天人合一) 사상과 통한다. 삶이라는 주체와 문화콘텐츠라는 대상을 분리하지 않고 주체와 대상을 합일시키는 사상이다. 이는 장자의 나비사상과도 그 접점이 닿아 있다.

4) Henri Lefebvre, Donaldson-Smith N., Trans. *The Production of Space,* Oxford: Basil Blackwell, Originally published, 1974, 79쪽, 93-96쪽, 163쪽.
앙리 르페브르, 양영란 역, 『공간의 생산』, 에코리브르, 2011, 142-143쪽, 163-171쪽.

을을 만들고자 사람들이 모인 곳이다. 그러나 살다 보면 권력구조가 생겨나고 이해관계(산업적 요소)도 달라져 오래 가지 못하기도 한다.

공간이 권력구조를 넘어 저마다의 가치를 추구하고 모두가 행복해질 수 있는 곳이 되기 위해서는 공통의 문화적 가치를 함유하되 그 문화적 가치의 시니피에와 시니피앙이 비산업적으로 결합하여야만 한다. 그래야만 공동체 마을이 지속할 수 있게 되며 그렇게 됨으로써 진정한 의미의 문화적 도시재생이라 불릴 자격이 생긴다.

2. 문화공간에 대한 이해

지금까지 공간 연구는 주로 건축가, 지리학자, 역사학자 그리고 사회학자, 문화연구학자, 철학가들에 의해 이루어졌다.

여기에 맞춰 문화공간 연구도 주로 공간적, 지리적, 건축학적인 측면에서 이루어졌기 때문에 인문학적인 성찰이 부족했다. 인문학적인 성찰은 인간과 삶의 가치라는 프레임으로 문화공간을 바라봤을 때 이루어질 수 있다. 사람은 공간에서 산다. 그리고 공간에 모인다. 공간은 생활이며 삶이다. 이 공간은 지속 가능한 가치를 지녔을 때 계속 유지될 수 있다.

이 인문학적 공간 연구의 핵심이 되는 이론가인 르페브르는 일상성 속에서 공간의 가치를 연구한 학자이다. 그는 일상생활의 특성에 대해 관심이 많았다. 르페브르는 도시생활 속 인간소외의 모습을 철학적 관점에서 보면서 진정한 공간의 모습을 고민하기 시작했는데, 그렇게 해서 나온 책이 『공간의 생산』이다. 도시화와 공간 연구를 가장 잘 다룬 도시연구서 중 하나이다. 『공간의 생산』은 '일상생활과 도시 속 공간과의 연구서'라 볼 수 있다. 여기서 르페브르는 공간을 지각공간, 개념공간, 생동공간 세 가지로 나누었다.

지각공간은 '공간적 실천'이며, 개념공간은 '공간의 재현', 생동공간은 '재현의 공간'으로 해석될 수 있다. 르페브르 공간 이론의 핵심은 도시 속의 그 어떤 공간이든 살아 있는 생동공간이어야 지속 가능하다는 것이다. 이와 같은 르페브르의 공간 이론은 도시 계획자, 공간 연구자, 문화 연구가들에게 많은 관심의 대상이 되었다.

르페브르의 공간에 대한 연구는 1968년 파리 꼼뮨대회에서 시작되었다. 도시 빈민들과 소외된 이들이 68운동을 통해 도시를 재점령하기 위해 뭉친 것이다. 68운동은 실패로 끝났지만, 이 운동에 참여하면서 르페브르는 인간소외에 대한 관심을 두게 되었다. 이때부터 르페브르는 도시화와 공간 연구에 몰두하기 시작하고 마침내 『공간의 생산』이라는 책을 완성하게 된다.

르페브르의 '인간소외'에 대한 관심이 도시공간의 영역으로 확대된 배경에는 1950, 60년대 프랑스 도시들이 '공장사회'에서 '도시사회'로 급격한 전환을 맞이한 것과 깊은 관련이 있다. 당시 프랑스 정부의 도시계획에 따라 도심 주거지의 재개발이 진행되고 주택의 상품화가 본격적으로 확산하기 시작했다. 프랑스 정부는 파리의 주택 부족 문제를 해소하기 위해 도시 재개발을 진행했고, 그 결과 1950년대 당시 도심 인구의 3분의 2가 본래 살던 주거지에서 축출되는 현상이 발생했다. 급속한 도시 재개발로 인한 철거민의 거주 이동은 도시공동체가 와해되는 결과를 낳게 되었다. 이런 상황을 지켜보면서 르페브르는 산업화 속에 있는 인간들의 삶에 대한 본질적인 구조를 고민하게 된다.

급속한 도시화 과정에서 탄생한 르페브르의 공간 이론은 인간소외에 대한 본질적인 구조를 묻고 있어 40년이 지난 우리에게도 많은 시사점을 주고 있다.

르페브르의 공간 이론만큼 중요한 요소로 본 또 다른 이론으로는 '소통'을 강조한 레이 올든버그[5]의 '제3의 공간'이 있다. 올든버그는 '소통의 공간'을 '제3의 공간'으로 해석하였다. 즉 우리가 머무는 공간을 제1의 공간, 제2의 공간, 제3의 공간으로 나눠 이해한 것이다. 올든버그에 따르면 집은 제1의 공간, 업무공간은 제2의 공간, 집과 업무공간을 넘어선 공간이 제3의 공간이 된다. 제3의 공간은 제1의 공간과 제2의 공간이 아니면서 쾌적함과 편안함을 느끼는 공간으로, 혼자 또는 다수가 자신의 의지 때문에 정기적으로 점유하며 휴식과 재충전을 할 수 있는 집과 같이 편안한(home away from home) 비공식적 공공장소(informal public space)를 뜻한다. 제3의 공간에서 중요한 것은 바로 소통이며 소통은 인간의 인격과 개성을 드러내고 또 누리는 수단이 된다. 사람들은 제3의 공간을 당연한 것으로 받아들이며, 이러한 공간 대부분은 고급스럽지 않으면서 일상의 평범한 공간의 지위를 차지한다.

올든버그는 특히 제3의 공간에서 대인 커뮤니케이션인 '대화'를 통한 소통을 강조했다. 가정과 직장생활의 평범한 기대와 의무가 다소 유예되며 사람들 간의 상호작용이 가정과 직장에서보다 훨씬 빈번한 장소로서 제3의 공간을 제시한 것이다. 이처럼 제3의 공간은 사용자들에게 커뮤니티 공간의 역할을 하며, 공간 내에서 상호작용을 통해 이용자 간의 소통을 유발한다. 제3의 공간은 소통의 공간이며 르페브르의 생동공간과도 일맥상통한다.

---

5) Ray Oldenburg, *The Great Good Place,* Dacapo, 1999, 42쪽.

3. 도시재생에 대한 이해

비산업적 도시재생을 이해하기 위해서는 인간과 인간의 삶에 초점을 두어야 한다. 인간의 삶에 초점을 맞춘 또 다른 공간 이론가로는 '창조도시론'을 주장한 리처드 플로리다가 있다. 플로리다는 그의 책 『신창조계급』에서 국제 노동기구(ILO)의 직업분류를 기초로 창조적 활동을 하는 직업을 묶어 창조계급이라 했다. 그는 창조도시의 핵심을 창조계급(Creative Class)으로 진단하였다.

플로리다는 또 다른 저서 『도시와 창조계급』에서 창조도시의 핵심요소로 Technology(기술), Talent(인재), Tolerance(관용)의 3T 이론을 제시했다. 창소성의 새로운 경제적 지리와 그것이 경제성과에 미치는 영향을 이해하는 열쇠는 소위 경제발전의 3T에 있다. 기술(Technology), 인재(Talent), 관용(Tolerance)이 그것이다. 제각각 필요한 조건이지만 하나만 놓고 보면 불충분한 조건이다. 지역은 창조적인 사람들을 유치하고, 혁신을 일으키고, 경제성장을 자극하기 위해서 이 세 가지를 모두 갖추어야 한다.

플로리다는 창조도시의 핵심요소 중 첫 번째 T인 기술에 대해서 이렇게 말했다.

> "창조성과 도시에 대한 필자의 견해는 단순한 공식, 즉 기술, 인재, 관용이라는 경제성장의 세 가지 T 모델을 그 내용으로 삼고 있다. 경제학자들은 기술이 경제성장의 핵심이라고 오랫동안 주장해왔다. 로버트 솔로(Robert Solow)는 기술을 경제성장의 추동력으로 분리한 연구로 노벨상을 받았다. 경제학자인 스탠퍼드대학교의 폴 로머(Paul

Romer)는 성장이 인간 지식의 지속적인 축적과 활용에 기초한 내생적 인 과정이라고 주장한다. 기술이 경제성장에 근본적인 역할을 수행 한다는 점에 동의하여 T 모델에서 첫 번째 요소로 삼았다."[6]

즉 기술이 지역 내 경제 성장의 추동력이자 근본적인 역할을 수행하는 환경을 마련해준다고 보는 것이다. 두 번째 T는 인재다.

"노벨상 수상자인 로버트 루카스를 비롯한 이 분야의 선구자적인 연구자들은 성장이 인적자본의 결과라고 주장하였으며 이러한 견해에 대해 도시경제학자인 하버드대학교의 에드워드 글래서(Edward Glaesar)도 공감하고 있다. 이 주장에서 도시의 역할은 인적 자본을 결합시키고 증대시키는 것이며 보다 많은 인적 자본을 가진 장소는 그렇지 못한 곳보다 더 빠르게 성장한다."[7]

즉 인재를 많이 보유한 지역들이 그것이 부족한 지역들에 비해 더 빨리 성장한다는 의미다. 세 번째 T는 관용이다.

"관용은 장소가 기술과 인재를 동원하고 유인할 수 있게 만드는 핵심 요소다. 비록 경제학자들이 일부 형태의 기술 또는 인재를 경제성장의 가장 중요한 추동력으로 인정하지만, 원료와 같은 전통적인 생산요소와 마찬가지로 우리는 그것을 지역의 축적된 자산으로 생각한다."[8]

---

6) 리처드 플로리다, 이원호·이종오·서민철 역, 『도시와 창조계급』, 푸른길, 2008, 17쪽.
7) 리처드 플로리다, 앞의 책, 2008, 17쪽.
8) 리처드 플로리다, 앞의 책, 2008, 18쪽.

즉 관용은 그 지역의 기술과 인재를 동원하고 유인할 수 있는 동력으로 보았다. 이상에서 살펴본 바와 같이 플로리다가 주장하는 창조도시란 기술, 인재, 관용성이 공존하는 공간이다. 기술은 지역 내 경제성장의 동력으로 보았고, 인재는 창조적 역량이 있는 사람을 말하며, 관용은 개방성, 포용성, 다양성으로 정의하였다.

한편 플로리다는 창조도시에는 창조계급으로 북적인다고 하였다.[9)]

> "그곳은 '거리'의 문화가 살아 있는 곳이다. 또한, 거리에는 미술 화랑과 서점, 다른 가게, 영화나 라이브 공연 혹은 둘 다를 위한 소규모 극장에서 중간 크기의 극장, 그리고 흔히 상점 앞이나 다른 용도로 개조된 낡은 건물에 여러 가지가 들어선 공간(가령 서점, 찻집, 작은 극장, 화랑, 스튜디오, 라이브 음악 공간)이 자리해 있을 것이다. 무대는 보도 위로 연장되어 있을 수도 있다. 보도에는 밤낮을 가리지 않고 식탁이 놓여 있고 그 길 위에는 음악가들, 행상인들, 거지들, 공연자들, 지나가는 행인들이 있다. 그들 중 많은 이들은 할리우드 영화와 록이나 팝 콘서트 같은 대중문화를 소비하는 것은 물론이고, 적어도 가끔은 고액의 수준 높은 문화 현장도 방문한다. 그러나 거리문화는 그들에게 절대적으로 필요한 것이다. 그러므로 그 지역은 늘 창조계급의 사람들로 북적인다."[10)]

창조도시에는 창조계급이 북적이고 그러한 창조계급 사람들이 모여 있는 곳에는 문화가 살아 있다. 특히 거리는 살아 있는 문화공간이다. 따라서 창조도시란 기술, 인재, 관용이 어우러져 만들어낸 새로운

---

9) 리처드 플로리다, 이길태 역, 『신창조계급』, 북콘서트, 2011, 294-295쪽.
10) 리처드 플로리다, 앞의 책, 2011, 294-295쪽.

문화가 있는 도시라고 말할 수 있다.

플로리다의 시각으로 본다면 비산업적 도시재생은 경제 중심의 도시에서 창조계급이 북적이는 인간 중심의 창조도시로 되살리는 것을 말한다. 사람들이 자발적으로 관계를 맺으며 '생동공간'을 만들고 그 안에서 다양한 소통을 통해 제3의 공간으로 거듭난다면, 개인의 자율성과 공동체의 규범과 원칙을 지키면서 자신의 정체성을 찾아 나가는 '창조적 인재'가 창조도시를 이끌게 될 것이다.

4. 비산업적 도시재생의 개념

이 책은 문화적 도시재생을 비산업적 관점에서 재정의하고, 비산업적 도시재생을 위한 연구 방법으로 문화공간의 분석 틀을 제시하고자 한다. 그에 따라 다음과 같은 방법론을 사용하였다.

첫째, 각각의 기본적인 개념은 선행연구에 대한 분석을 통해 도출한다. 구체적으로 앙리 르페브르의 생동공간, 레이 올든버그의 제3의 공간과 플로리다의 창조도시의 3T 중 창조적 인재를 비산업적 도시재생을 위한 분석의 틀로 삼는다. 이 분석 틀을 가지고 해외 사례와 국내 사례, 특히 홍대앞 문화공간을 재조명해본다.

위의 세 가지 이론을 토대로 비산업적 도시재생의 특징을 살펴보면, 다음과 같은 것들이 유의미한 분석 지표가 됨을 알 수 있다. 분석을 도출해낸 과정은 다음과 같다. 먼저 해외 창조성 지수를 살펴보았다. 해외 창조성 지수에는 미국의 창조지수와 유로창조지수 외에 홍콩창조지수(HongKong Creativity Index), 유러피언창조지수(European Creativity Index), 글로벌창조지수(Global Creativity Index), 플랑드르지수(Flemish Index) 등을 참고로 하였다.[11] 또한 국내 고윤미가 제언한 지표와 한국문화예술위원회에서 개발 연구한 예술지표[12]를 참고로 다음과 같이 분석 틀을 도출하였다.

비산업적 도시재생은 경제 중심에서 인간 중심의 창조도시를 복원하는 데 목적이 있으므로 기존의 시장 경제의 기준(매출, 고용 지수 등)으로 분석 지표로 삼을 수는 없다. '생동공간, 제3의 공간, 창조적 인재'를 비산업적 도시재생을 위한 분석 지표로 삼았다. 또한, 비산업적 도시재생은 인간의 삶의 질과 연관되어 있다고 할 수 있다.

정선기에 의하면, 2000년대 이후 도시민의 삶의 질이 중요하다고 보고, 삶의 질적 연구는 문화적 특성과 결부된다고 주장한다. 도시민의 생활양식은 수치로 나타낼 수 없는 삶의 가치, 질과 결부되어야 한다는 말이다. 그러므로 문화적 삶의 지수는 비산업적 도시재생의 중요한 요소다. 이것은 앙리 르페브르의 생동공간 이론과도 일맥상통한다. 레이 올든버그의 제3의 공간, 리처드 플로리다의 창조도시 3T 이론도 마찬가지다. 이 세 가지 이론의 기본 개념을 비산업적 문화콘텐츠가 적용된 문화공간의 분석 틀로 사용하였다.

다만 홍대앞 문화공간에서 심층 분석이 필요한 곳은 분석 틀을 적용하지 않고 개별 인터뷰를 통해 비산업적 문화콘텐츠의 확장 방안을 도출하였다. 구체적으로 홍대앞 문화공간에서 사업 및 활동을 하는 관계자로부터 홍대 문화공간의 특징에 대한 다양한 질문을 통해 의견을 수렴했다. 대표적인 질문은 홍대에 자리를 잡게 된 이유, 앞으로 홍대 공간이 어떻게 변화할지에 대한 예측 등이다.

---

11) 고윤미, 「해외 창조지수 현황분석 및 국내 창조경제지수 개발을 위한 제언」, 한국과학기술기획평가원, 2013, 4쪽.

12) 한국문화예술위원회, 「문화예술의 공공재적 가치와 역할 재설정연구」, 한국문화예술위원회, 2014, 19쪽.

심층인터뷰는 문헌 조사만으로는 파악하기 어려운 홍대 문화공간의 특성과 문제점, 홍대 공간의 변화 등을 파악하고자 실시하는 데 유용하다고 생각된다. 이를 통해 왜 사람들이 홍대 공간에 모이고, 어떻게 해서 홍대 공간이 활성화되었는지, 또 홍대 공간이 이들 관계자에게 왜 특별한지를 파악할 수 있다. 이들 전문가의 의견은 과거와 현재, 미래의 홍대 공간에 대한 입체적인 모습을 조망하는 데 유용하게 사용될 수 있을 것이다.

인터뷰는 문헌 조사와 텍스트 분석의 미비점을 보완하고 보다 입체적으로 홍대 공간을 연구하기 위한 수단이다. 인터뷰 대상자는 홍대 지역을 기반으로 문화적 활동을 하는 다양한 분야의 사람들로 선별한다. 그래서 홍대앞 문화를 소개하는 동네 잡지인 『스트리트H』의 정지연 편집장과 독립출판사들을 위한 서점을 운영하는 유어마인드의 이로 대표, 서울문화재단 소속의 서교예술실험센터 김지선 씨, 창비 북카페 정지연 팀장 등을 대상으로 인터뷰를 진행했다. 그리고 실용서를 출간하는 출판사를 운영하면서 2015년 9월 편집 서점을 연 솜씨 출판사의 최태선 대표도 인터뷰하였다.

홍대앞의 책 문화공간을 좀 더 객관적으로 분석하기 위하여 홍대앞 북카페, 일반 커피숍, 마포도서관 등을 중심으로 설문조사를 실시하였다. 10~50대 총 60명을 대상으로 홍대앞 북카페 방문자들 현황과 인식에 관해서도 알아보았다. 또한, 북카페를 운영하는 '카페꼼마', '책다방'의 담당자들과 심층면접 해 북카페의 운영방식을 살펴보고 홍대앞 문화공간 속에서 어떤 영향을 미쳤는지 살펴보고자 한다.

인터뷰 대상자의 소속과 성명 등 자세한 사항은 다음 표와 같다.

〈표 1〉 **인터뷰 대상자**

기관명	직책	인터뷰 대상자	특징
솜씨 출판사	대표	최태선	편집 서점 운영
서교실험센터	대리	김지선	서울문화재단 소속, 젊은 예술가들 지원 사업
유어마인드	대표	이로	독립출판 서점 운영
스트리트H	편집장	정지연	지역을 대상으로 한 문화정보, 상점 정보 잡지
카페꼼마	매니저	장으뜸	문학동네 북카페
인문카페 창비	팀장	정지연	창비출판사 북카페
책다방	매니저	홍슬비	후마니타스 북카페

이 책에서 말하는 홍대앞 문화공간의 구체적 지역 및 범위는 1990년대 초까지는 홍익대학교 앞에서 극동방송국까지(피카소 거리)만을 의미했으나 1990년대 초반부터 의미가 확장되어 현재는 서교동, 동교동 일부, 상수동과 연남동 일부까지 모두 포함하는 넓은 의미로 사용되고 있다. 이에 관한 자세한 내용은 4장에서 다루도록 하겠다.

제2장 문화공간을 활용한 비산업적 도시재생

1. 비산업적 도시재생의 특징

비산업적 도시재생의 개념

서론에서 도시재생 문제를 산업화로 해결하려는 데 대해 문제를 제기하며 '비산업적'이라는 용어를 사용하였다. 또한, 문화콘텐츠를 활용한 비산업적 도시재생을 제시하기도 했다. 따라서 '비산업적(non-industrial)'이라는 용어가 무슨 뜻인지에 대해 명확하게 규정할 필요가 있다.

우선 비산업적이라는 용어 규정에 앞서 산업화 및 탈산업화에 대한 개념부터 살펴보자. '산업'이라는 단어부터 살펴보면, 산업이라는 용어가 처음 쓰인 것은 영어의 industry를 일본어로 '産業(さんぎょう)'이라고 번역한 데서부터 시작된다. 이를 한국과 중국이 그대로 차용하여 산업이라는 용어를 사용하게 되었다.[13] 산업의 형용사인 산업적이라는 단어에는 기본적으로 인간이 살아가는 데 필요한 재화 생산, 즉 이윤 창출의 개념이 담겨 있다.

산업혁명을 계기로 오랜 농경사회의 틀이 깨지고 공장제 제조업 중심의 공업사회로 산업 구조가 재편되었다. 또한, 기술 혁신을 통해 대량생산, 대중 소비가 확산되면서 일상생활 또한 크게 변화했다. 시장경쟁체제가 보편화됨에 따라 이윤의 극대화를 통한 자산가치 상승이 경제활동의 중요한 목적이 된 것이다. 경제 발전 과정은 일반적으로 부가가

---

13) 산업이라는 단어는 오슬로대학의 첸하이징(Chen HaiJing)이 쓴 아편전쟁부터 항일전쟁 시기(1840~1920년대)까지의 외래어를 모아놓은 논문을 보면 일본어에서 온 외래어임을 알 수 있다. Chen HaiJing, "A Study of Japanese Loanwords in Chinese", University of Oslo, 2014, 92쪽, 101쪽.

치 생산성이 낮은 산업에서 상대적으로 높은 산업으로 대체되는 산업화를 거치는데, 노동 인구와 국민소득 비중 또한 농업에서 제조업 중심의 공업 부문으로 옮겨가게 되었다.

그런데 서비스업(용역·지식·정보) 부문의 노동 인구와 국민소득 비중이 점차 제조업을 웃돌 정도로 성장하게 되자, 이를 설명하기 위해 이론적 작업이 불가피해졌다. 기존에 사용되던 산업사회 이론 틀로 설명할지 또 다른 이론으로 대체할지 의견이 분분한 가운데 '탈산업(post-industrial) 사회'[14] 이론이 등장한 것이다. 탈산업화를 주장한 대표적인 학자로는 다니엘 벨(Daniel Bell)이 있다. 벨은 탈산업사회는 제조업 중심의 산업사회와는 질적으로 구분되는 또 다른 사회유형이라고 했다.[15] 탈산업은 '산업에서 벗어난, 산업을 넘어선'이란 의미를 강조한 용어이지만, 엄밀히 말하면 제조업에서 벗어난 '탈공업'이라고 할 수 있다.[16] 산업화를 이윤 창출의 개념으로 이해한다면 '탈산업' 역시 높은 이윤을 최고의 목적으로 하기 때문에 산업화의 틀 안에 있다고 할 수 있다.

산업화는 근대적 물질문명과 사회구조를 탈바꿈시킨 역사적인 전환과정이긴 하지만, 인간의 도구화, 불평등, 생태환경 파괴, 공동체 규범의 해체 등 수많은 사회 문제를 일으키기도 했다.[17] 사회경제학자 칼 폴라니는 이러한 문제점을 인식하고, 경제 활동의 근본적 목적은 이윤 극대화에 있지 않고 '사회생활에서 발생한 어려움이나 문제점을 해결하

---

14) '탈산업적', '탈산업사회', '탈산업사회 이론' 등에서의 '탈'은 모두 'post-industrial'의 'post'를 번역한 것인데, 국내에서는 이에 대한 번역어는 아직 통일되어 있지 않다. 'post'를 '탈' 대신 '후기'라고 번역하는 경우도 많다. 여기서는 'post'를 '후기'보다는 '탈'로 번역했다.

15) 김원동, 「다니엘 벨의 탈산업사회 이론 연구–고용구조 변화의 추이와 서비스」, 『사회와 이론』, 2014, 80-81쪽.

16) 스티븐 마일스, 박형신·정현주 역, 『현실세계와 사회이론』, 일신사, 2003, 75쪽.

17) 한국민족문화대백과사전 편찬부, 『한국민족문화대백과사전 11』, 한국정신문화연구원, 1991, 226쪽.

는 것'에 있다[18]고 하면서 '인간 중심의 경제'를 주장했다. 이는 사회란 돈(물질)보다는 인간의 내적 욕구에서 비롯된 '공동체'적이고 '공공(公共)'적인 가치들이 모여서 존속해가는 것이기 때문에 시장 중심의 편향된 경제 의식에서 벗어나 시장으로부터 자유로워져야 한다는 경고기도 하다. '사회적 가치'를 창출하는 사회적 경제조직을 활성화함으로써 새롭게 사회를 재창조해야 한다는 칼 폴라니의 주장은 지역공동체 사회의 복원, 인간 존엄성 회복을 염두에 두었음을 짐작할 수 있다.

이와 같은 칼 폴라니의 사회경제 의식은 '비산업적 도시재생' 맥락과도 맞닿아 있다. 개인의 삶, 관계 조직, 조직의 활성화(문화 창출), 도시의 재창조(인간 존엄성 회복)로 이어지는 비산업적 도시재생은 칼 폴라니가 강조했던 사회적 경제조직과 그것의 활성화를 통한 인간 중심의 경제사상과 일맥상통한다. 두 개념 모두 근본적 목표를 공동체적 사회의 재창조, 인간의 존엄성 회복에 두고 있기 때문이다.

문화적 도시재생은 사회적 가치(문화)를 창출함으로써 인간의 존엄성을 회복하는 즉 이윤 창출의 산업화로부터 자유로운 '비산업적' 개념으로 접근해야 한다. 비산업적 도시재생의 지향점은 인간의 삶을 위한 것이어야 하고, 삶은 관계에서 비롯되는 만큼 공동체적 삶터를 추구해야 하는 것이다. 다시 서론에서 언급한 비산업적 도시재생의 속성에 대해 상세하게 살펴보자.

첫째, 스스로 즐기고 누리는 기쁨이 있어야 한다(개인의 삶, 문화 향유). 스스로 내적 욕구에 반응하며 개인적 즐거움을 찾아 마음껏 누린다. 향유하는 문화(문화콘텐츠)의 개인적 가치라고도 할 수 있다. 문화의 개인적

---

18) 진희선·송재룡, 「칼 폴라니의 '전환적' 사회경제 사상에 대한 고찰–시장경제에서의 사회적 가치를 중심으로」, 『사회사상과 문화』 제28호, 2013, 294쪽.

가치란, 예를 들면 그림을 보고 느끼는 정서적인 자극이나 만족감을 말한다. 여기에는 단순히 재미를 느끼는 초기 단계와 심미안을 갖게 되는 2차 단계, 이를 통하여 자기실현 욕구를 달성 또는 향유하는 3차 단계로 구성된다.

둘째, 자신이 누린 즐거움을 기꺼이 나누어야 한다(관계 조직, 자발적 공유와 소통). 개인적 즐거움을 주변에 알리고 나눔으로써 관계성을 회복하는 것이다. 삶(사회)은 관계로 구성되고, 관계는 자발적인 공유를 통한 소통으로 더욱 견고해진다.

소통은 영어로 커뮤니케이션(communication)이다. 커뮤니케이션이라는 말은 코무니카티오(communicatio)라는 라틴어에서 유래되었다고 한다. 코무니카티오는 "[지식·의사 등의] 전달, 교류; 상통, 교제; 통보, 통신, 관여, [공동] 참여, 향유; 나누어 줌, 함께 나눔. 교통, 왕래"와 같은 다양한 의미를 함축하고 있다.[19]

코무니카티오는 동사 코무니케어(communicare)에서 파생되었는데, 코무니케어는 다음과 같은 의미들을 지닌다.

> 함께 나누어 가지다, 참여[관여]시키다, 한 몫 끼게 하다, 나누어주다. 참여[관여]하다, 끼어들다, 한 몫 차지하다, 알려주다, 전달하다, 상의[협의]하다, 교류하다, 함께 지내다, 상종하다.[20]

여기서 소통은 주로 교통, 교류, 교제, 왕래, 참여, 전달 등으로 바꿔 말할 수 있다. 소통은 혼자서는 할 수 없다. 상대가 필요하다. 그래서 소통에는 사람과 사람 '사이'를 말하는 inter의 의미가 있다.

---

19) 가톨릭대학교 고전라틴어연구소 편, 『라틴-한글 사전』, 가톨릭대학교출판부, 1995, 167쪽.
20) 가톨릭대학교 고전라틴어연구소 편, 앞의 책, 167쪽.

이기상은 소통을 문화라고도 정의한다. 문화를 간략하게 정의한다면 "문화란 사이-존재로서의 인간이 자연 속에서 기호와 상징을 사용해 다른 존재하는 것들과 맺는 자유로운 소통과 그 산물"이다.[21] 소통은 일상생활 그 자체만으로도 삶이자 목적으로 볼 수 있다. 즉 인간을 포함한 모든 존재의 본질적 가치를 띠고는 것이다. 인간의 삶과 본질적 가치를 따른 소통은 다음에 나오는 소통의 공간, 제3의 공간, 창조도시와도 연결된다.

셋째, 개인의 권리를 넘어 사회적 목적을 위해 연대해야 한다(조직 활성화, 사회적 가치 창출). 관계의 결속력이 향상되면 조직이 활성화되면서 공동체문화가 형성된다. '함께'와 '공공(公共)'의 의미를 지닌 사회적 가치가 창출되는 것이다. 현대의 공공영역과 공공성의 개념은 한나 아렌트와 하버마스의 영향을 받았다.[22] 우리나라는 1990년대 후반을 거치면서 국민의 정부와 참여정부 기간 동안 양적·질적으로 성장한 시민사회의 영향이 커짐에 따라 정부 주도로 이루어지던 '공공'이라는 개념을 시민사회가 공유하기 시작했다.

공공이란 개념은 정치, 경제, 행정, 법학, 사회학 등 여러 학문적 범주 속에서 연구되고 있으며 상당히 다의적이다. 이 다의성은 공공성이라는 용어의 사용방식이나 사용주체, 공공성이 놓이는 정치적, 사회적, 문화적 맥락에 따라 생겨난다.[23] 조한상의 『공공성이란 무엇인가』를 보면 공공성은 참여, 소통, 연대 가치를 말한다. 또한 공공성의 요소는 대중, 공공복리, 공개성이다.

---

21) 이기상, 「문화콘텐츠학의 이념과 방향: 소통과 공간의 학」, 『인문콘텐츠』 제23호, 인문콘텐츠학회, 2011, 23쪽.
22) 한나 아렌트, 이진우 외 역, 『인간의 조건』, 한길사, 2002.
23) 김평수, 「문화공공성과 저작권-저작권 강화의 정당성에 대한 비판적 연구」, 한국외대 박사학위논문, 2010, 42쪽.

김평수는 문화적 공공성이란 문화를 인간 삶의 가장 근본적인 가치 중 하나로 파악하고 모든 인간은 문화와 문화적 창작물에 접근하고 활용하고 생산할 수 있는 권리를 가지고 있다는 의미로 보았다.

책을 예로 든다면 책이라는 문화콘텐츠에 공공성을 가지고 대중적으로 연결하는 것을 문화적 공공성이라고 할 수 있다. 문화적 가치에는 개인적 가치와 공적 가치 추구가 포함되어 있고, 함께 참여하고 소통하고 가치의 연대를 만들 수 있는 공공성은 반드시 필요한 부분이다. 문화(예술)는 다른 어떤 것보다 더 가치 있는 공공재다. 즉 책(출판)과 같은 문화콘텐츠는 그 자체만으로도 공공성을 가지고 있으며 비산업적 문화콘텐츠의 좋은 공공재가 된다.

넷째, 함께 삶터를 꾸려 공동체적 삶을 되살려야 한다(도시 재창조, 인간 존엄성 회복). 비산업적 도시재생의 궁극적 가치는 도시를 공동체의 삶터로 되살림으로써 지역문화를 새롭게 창조하고 개인의 존엄성을 회복하는 데 있다. 앞서 이야기한 대로 도시재생은 삶을 위한 것이어야 하고, 삶은 관계로 구성된다. 개인의 삶터가 긴밀한 관계 속에서 한데 어우러지면 공동체의 삶터이자 창조적 '문화공간'이 된다. '문화공간'은 문화를 형성·유지·발전·창조하는 모든 과정에서 활동의 근거가 되고 평가·분석의 지표가 되기 때문에 도시재생에 있어 매우 중요한 역할을 한다.

비산업적 도시재생은 내가 사는 공간에서 다른 사람과 함께 공동체적 사회를 복원하고 인간의 존엄성과 관계성을 회복하는 것이 본질적 목표다. 개인은 공동체 안에서 사회의 규범과 원칙을 지키면서 자신의 정체성을 찾아가게 되고, 그러한 사회는 경쟁이 아닌 협력을 원칙으로 사회적 가치를 끌어낸다.

비산업적 도시재생은 인간의 존엄을 희생시키지 않으면서 상호의존적인 관계망을 형성·강화함으로써 예상치 못한 새로운 방식의 문화를 창조하며 사회의 혁신적인 변화를 이끌기도 한다. 이것이야말로 역동적이며 지속적인 도시재생의 원동력이 될 것이다.

비산업적 도시재생의 속성을 그림으로 나타내면 다음과 같다.

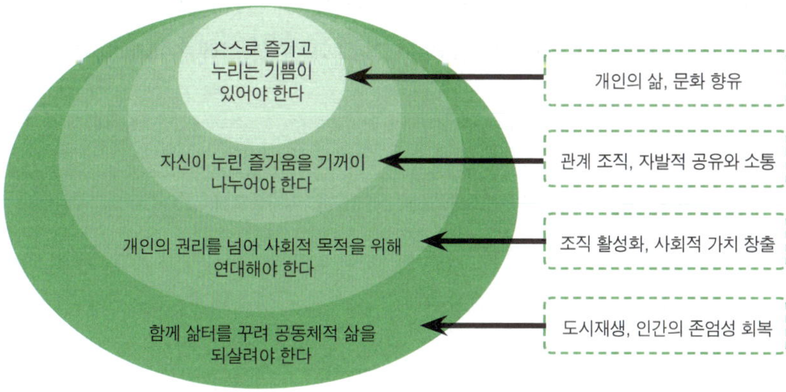

〈그림 1〉 **비산업적 도시재생 개념도**

일찍이 제인 제이콥스(Jane Jacobs)는 도시의 경제적 활력의 근원은 건물, 자동차 등과 같은 물적 기반에서 유래하는 것이 아니라, 도시 내 사람들 간의 긴밀한 관계에 의한 것이라고 주장하였다.[24] 제이콥스는 도시의 활력소를 물질적인 것에서가 아니라 사람들 간의 관계에서 찾았다.

찰스 랜드리(Charles Landry)는 그의 저서 『크리에이티브 시티 메이킹』에서 도시의 문화적 역할에 대해 이렇게 말한다.

> 문화에 대한 이해란 어떤 장소의 지역문화를 읽고, 이해하고, 의미를 찾고, 가치를 평가하고, 비교하며, 해석할 수 있는 능력이다. 이런 능력을 갖추면 그곳에 사는 사람들에게 의미 있고 중요한 것이 무엇인가를 이해할 수 있다. 움직이는 도시의 생애를 더 잘 파악할 수 있다.

24) 김정호, 「창조도시의 도시경쟁력 메카니즘에 관한 연구」, 『도시행정학보』, 2013, 226쪽.

보고, 느끼고, 냄새 맡고, 소리 나는 대상을 더 잘 알게 된다.[25)]

랜드리는 도시와 문화의 관계에 대해서 문화가 삶의 가치를 만드는 역할을 한다고 보았다. 랜드리가 말한 삶의 가치와 연관 지어 설명한 문화에 대한 개념은 임대근이 말하는 문화와 문화콘텐츠에서도 찾을 수 있다.

> 문화콘텐츠는 인간 중심이어야 한다. 문화는 인간의 삶을 더욱 가치 있게 만드는 일련의 행위들이기 때문이다. 다른 말로 하면, 문화콘텐츠가 산업적 가치, 정책적 가치, 혹은 기술적 가치에 더하여 인문적 가치를 우선순위에 두어야 한다는 의미다.[26)]

이와 같이 문화와 문화콘텐츠의 개념은 비산업적 도시재생과 통하며, 비산업적 도시재생은 다음에서 설명하는 르페브르가 말한 생동공간, 올든버그가 말한 제3의 공간과도 통한다.

르페브르가 말하는 생동공간에는 사람이 있다. 또한, 생동공간에는 사람들 간의 소통이 있어야 한다. 르페브르는 가장 먼저 더불어 사는 존재 속의 소외감을 이야기하며 그 소외감을 해결하려면 생동공간 안에 모여야 한다고 했다. 생동공간은 소통의 공간이며 제3의 공간을 말한다. 소통은 비산업적 도시재생에서 중요한 요소가 된다. 비산업적 도시재생은 사람, 소통, 나다움의 생동공간이다. 그래야만 지속 가능하다.

---

25) 찰스 랜드리, 최지영 역, 『크리에이티브 시티 메이킹』, 역사넷, 2006.

26) 임대근, 「문화콘텐츠 개념 재론」, 『문화+콘텐츠』 제4호, 2014, 10쪽. 임대근의 문화에 대한 정의는 문화를 '삶의 총체적인 방식'으로 이해한 레이먼드 윌리엄스의 정의와도 같다

> 재현공간. 재현의 공간에 따르게 마련인 이미지와 상징을 통해서 체험된 공간, 즉 '주민들', '사용자들' 그리고 몇몇 예술가들, 기술하는 자 아니 단지 기술한다고 생각만 하는 자들, 즉 작가들과 철학자들의 공간이다. 이 공간은 지배를 받는 공간, 즉 상상력이 변화시키고 자기 것으로 길들이려고 시도하는 공간이다. 이 공간은 대상들을 상징적으로 이용함으로써 물리적인 공간까지 내포한다. 따라서 재현공간들(위에서 언급한 것과 똑같은 유보조항을 달아야 한다)은 비언어적인 상징과 기호들의 다소 일관성 있는 체계화를 지향한다.[27]

올든버그는 소통이 있는 공간을 제3의 공간이라고 했다. 올든버그에 따르면 이러한 제3의 공간은 '좋은 친구들과 활발한 대화의 기쁨을 누리기 위해 시간을 보내는 곳' 즉 '사회적 활력을 제공하는 커뮤니티의 심장'이다.

> '제3의 공간'은 중립적 위치에 존재하며 이를 찾는 방문자들의 눈높이에 맞추어 사회적 평등에 해당하는 일련의 상황을 만들어낸다. 이곳에서 이루어지는 가장 주된 활동을 바로 대화(소통)이며 대화(소통)야말로 인간의 인격과 개성을 드러내고 또 향유하는 수단이 되는 공간이다.[28]

---

27) Henri Lefebvre, Donaldson-Smith N., Trans. *The Production of Space*, Oxford: Basil Blackwell, Originally published, 1974, 79쪽, 93-96쪽.
앙리 르페브르, 양영란 역, 『공간의 생산』, 에코리브르, 2011, 142-143쪽, 163-171쪽.

28) Ray Oldenburg, *The Great Good Place*, Dacapo, 1999, 42쪽.

정리하자면 제3의 공간은 제1의 공간도 제2의 공간도 아니면서 쾌적하고 편안함을 느끼는 곳으로, 혼자 또는 다수가 자신들의 의지에 의해 정기적으로 점유하며, 편안하고 비공식적 공공장소를 뜻한다. 제3의 공간은 중립적 위치에 존재하며 이를 찾는 방문자들의 눈높이에 맞추어 사회적 평등에 해당하는 일련의 상황을 만들어낸다. 이곳에서 이루어지는 가장 주된 활동은 바로 대화(소통)이며 대화(소통)야말로 인간의 인격과 개성을 드러내고 또 향유하는 수단이며 제3의 공간은 소통을 강조하는 공간을 말한다.

비산업적 도시재생 분석 기준

비산업적 도시재생의 판단 기준이 되는 지표를 만들기 위해 르페브르의 생동공간과 올든버그의 제3의 공간, 그리고 플로리다의 창조도시 3T 이론을 비교·분석해보자. 그중 실제 도시재생 사례에 창조도시의 3T 이론을 적용하여 만든 창조지수 지표를 먼저 살펴보겠다. 이를 토대로 비산업적 도시재생을 위한 새로운 분석 틀을 마련할 수 있다. 분석을 도출해낸 과정은 다음과 같다.

첫째, 플로리다의 3T 이론을 기본으로 삼은 미국 창조도시의 지수[29]를 살펴보자. 2002년 플로리다의 『창조계급』이 처음 출간된 후 미국의 학자들은 3T 이론을 바탕으로 다음과 같은 창조지수를 만들었다.

29) 리처드 플로리다, 이길태 역, 『신창조계급』, 북콘서트, 2011, 383-407쪽 재구성.

〈표 2〉 미국의 창조지수[30]

항목	지수의 종류	내용
인재(Talent)	창조계급(creative class)	창조계습에 속한 사람의 비율
	인적자본지수(human capital index)	대졸 이상 학력 비율
기술 (Technology)	혁신지수(innovation index)	특허받은 사람 비율
	하이테크지수 (high-tech innovation index)	하이테크 산업 생산액 비율
관용 (Tolerance)	게이지수(gay index)	동성애자 인구 비율 (미국과 캐나다에만 적용)
	보헤미안지수 (bohemian index)	문화예술분야 종사 인구 비율
	도가니지수(melting pot index)	외국인 등록자 수 비율

그러나 미국의 창조지수 중에는 게이지수, 보헤미안지수 등과 같이 다른 지역에서는 적용하기 어려운 부분도 있다. 따라서 3T 이론의 인재, 기술, 관용을 활용하여 창조도시 수치를 각국의 현실에 맞게 변화시켜 적용하기 시작했다.

둘째, 미국의 3T 이론을 토대로 유럽에서 만든 유로창조지수(Euro Creativity Index)를 참고하였다. 유로창조지수는 다음 <표 3>과 같다.

유로창조지수는 유로인재지수, 유로기술지수, 유로관용지수를 합쳐 만든 것이다. 유로창조지수의 특징은 미국의 창조지수에 나오는 관용지수에서 차이가 난다. 미국의 관용지수는 게이지수, 보헤미안지수 등인데 반해 유로창조지수의 관용지수는 태도지수, 가치관지수, 자기표현지수로 나뉘며 자기표현지수에는 삶의 질, 민주주의, 신뢰, 여가, 오

30) 리처드 플로리다, 앞의 책, 2011, 383-407쪽 재구성.

〈표 3〉 유로창조지수[31]

항목	지수의 종류	내용	출처
유로 인재 지수	창조계급 (creative class)	창조계급에 속한 사람의 비율	ILO(2002) [http://laborsta.ilo.org, data extracted on October 2002]
	인적자본지수(human capital index)	대졸 이상 학력 비율	OECD(2001)
	과학기술지수 (scientific talent index)	과학기술 분야 종사자의 비율	European Commission-Eurostat (2001)
유로 기술 지수	혁신지수 (innovation index)	특허 받은 사람의 비율	USPTO as reported by the European Commission, DG Research, in: "Towards a European Research Area. Key Figures 2001".
	하이테크지수 (hightech innovation index)	하이테크 생산액 비율	USPTO as reported by the European Commission, DG Research, in: "Towards a European Research Area. Key Figures 2001".
	R&D지수 (R&D index)	R&D 지출/GDP	European Commission-Eurostat (2001)
유로 관용 지수	태도지수 (attitude index)	사회적 약자에 대한 태도	European Monitoring Centre on Racism and Xenophobia, EUMC and SORA Institute for Social Research Analysis (2001)
	가치관지수 (values index)	종교, 가족, 여성권리, 이혼 등에 대한 가치관	World Values Survey, University of Michigan [http://wvs.isr.umich.edu]
	자기표현지수 (self-expression index)	삶의 질, 민주주의, 신뢰, 여가, 오락, 문화 등에 대한 태도	World Values Survey, University of Michigan [http://wvs.isr.umich.edu]

락, 문화 등에 대한 태도가 포함되어 있음을 알 수 있다.

셋째, 유로창조지수 외에 해외 창조지수로 살펴볼 자료로는 홍콩창조지수(HongKong Creativity Index), 유러피언창조지수(European Creativity Index), 글로벌창조지수(Global Creativity Index), 플랑드르지수(Flemish Index) 등이 있는데 함께 비교해보겠다.[32]

〈표 4〉 **해외 창조지수 현황**[33]

지수	목적	범위
창조지수		
HongKong Creative index	사회·문화적 변수들의 특성을 파악하고 창조성에 기여하는 다양한 요인들의 상호작용을 설명	홍콩 지역에서 창조적 성과를 창출하는 일련의 인지적, 환경적, 개인적 변수들
Euro Creativity Index	해당 지역으로 창조계층을 유입하는 요인들을 제시	3Ts (Talent, Technology, Tolerance)
European Creativity Index	EU의 창조성 성장에 기여하는 인간의 상호작용을 설명·측정	창조성, 혁신, 경제적 성과, 예술과 문화의 환경적 요인
Global Creativity Index	경제, 사회, 문화적 요인에 따른 지속적 번영 정도를 평가	3Ts (Talent, Technology, Tolerance)
Flemish Index	지역 혁신의 기준 제시	기술적 혁신(Technical innovation), 기업가 정신(Entrepreneurship), 사회 개방성(Openess of society)
문화적 삶의 지수		
Finnish Report	문화적 삶의 지표들을 편집	문화 부문(음악, 극장, 문화유산, 도서관, 영화, 비디오, 잡지, 신문 등 포함)

31) Richard Florida and Irene Tinagli, "Europe in the Creative Age", Demos, 2004, 44쪽.
32) 고윤미, 「해외 창조지수 현황분석 및 국내 창조경제지수 개발을 위한 제언」, 한국과학기술기획평가원, 2013, 5쪽.
33) KEA European Affairs, "The Impact of Culture of Creativity", European Commission, 2009, 182쪽.

<표 4>에서 보면 창조지수는 창조성을 측정하는 지수를 말하며, 문화적 삶의 지수는 사회의 문화적 생동력을 측정하는 지수를 가리킨다. 두 가지 지수가 있어야만 창조도시라 할 수 있다.

특히 핀란드 정부에서 발표한 창조지수에서는 문화적 삶의 지수를 강조하였는데, 핀란드 보고서(Finnish Report)에 따르면 핀란드 정부는 문화적 삶의 지표를 만들었다.[34] 문화적 삶의 지표는 크게 세 가지로 문화적 활용 가능성(cultural availability), 문화적 참여(cultural participation), 문화적 생산(cultural production)을 말한다. 핀란드 정부는 문화적 자원에 대한 활용 가능성과 국가의 창조적인 잠재력에 중점을 두었고, 문화적 참여와 사회 내에서 창조성과 확산적 사고를 자극하는 인프라 구조의 중요성을 제시하였다. 이를 통해 풍부한 문화적 환경은 창조성에 혜택을 주며 문화적 활동으로 유발되는 사회적 삶은 창조도시를 지지하고 있음을 알 수 있다.

지금까지 기술한 창조지수를 보면 각국의 실정에 따라 각각의 지수를 만들어 썼음을 알 수 있다. 우리나라도 예외는 아니어서 고윤미가 국내 실정에 맞는 지표 개발이 필요하다고 보고 연구한 바 있다. 고윤미의 보고서에 의하면 이러한 필요성으로부터 국내에 맞는 창조지수로 '창조지수'와 '문화적 삶의 지수' 두 가지로 나눠 평가해야 한다고 주장하고 있다.

고윤미가 제언한 지표는 다음과 같다.

고윤미는 인적 요인, 과학·기술적 요인, 문화적 요인, 제도적 요인, 사회적 요인, 창조성 성과로 평가 지표를 구분하였다. 그 중 고윤미의 창조도시 평가 지표에서 제시한 예시 가운데 인적 요인과 문화적 요인, 사회적 요인을 중심으로 질적인 지표를 뽑아 비산업적 도시재생 분석 틀

34) 고윤미, 앞의 글, 2013, 14쪽.

〈표 5〉 국내 창조지수 지표 예시[35]

구분		평가 부문	세부 지표 예시
투입	인적 요인	활용 가능한 인적자원 과학, 기술, 예술, 문화, 교육기반	고등교육 이수자 비중 R&D 인력 수 전체 고용 대비 STEAM 분야 비중 (STEAM: Science, Technology, Engineering, Arts and Mathematics)
	과학·기술적 요인	연구개발 활동의 성과 ICT 인프라 기반	R&D 지출 규모 특허 출원 수 PC, 인터넷 보급률
	문화적 요인	문화적 활용 가능성 문화적 참여 문화적 혜택	예술·문화 부문 지출 문화적 시설 보유·이용 서적, 영화, 공연 등의 참여
	제도적 요인	재정적 인프라 창업기반 산·학·연 연계 세제 지원	벤처캐피털 비중 기업가정신 산·학·연 협력 정도 창조기업에 대한 세금 혜택
	사회적 요인	태도와 가치 다양성에 대한 개방 정도	개인 권리와 자기표현의 수용·인식 다양성에 대한 태도 다양성의 수용
성과	창조성 성과	창조성의 경제적 기여 경제적 부문의 창조적 활동	신산업의 매출액/부가가치 전체 무역 중 문화적 상품 비중 전체 고용 중 신상업 종사자 비중 새로운 일자리 창출 온라인에서의 창조적 활동

로 도출하였다. 특히 문화적 요인으로 핀란드 정부가 강조했던 문화적 활용 가능성, 문화적 참여, 문화적 혜택을 평가 내용에 포함하여 문화적 삶에 대한 가치를 평가 지표로 삼았다.

그러나 비산업적 도시재생의 본질적 목적은 새로운 문화를 창출하

35) 고윤미, 앞의 글, 2013, 36쪽.

여 도시를 재창조하는 데 있다고 본다. 그런 이유로 문화 창출의 도시재생 선행 연구가 필요하다고 본다. 그 자료로서 문화한국문화예술위원회에서 개발한 문화예술지수를 참고하고자 한다.[36] 여기서는 문화예술이 그 전통적 기능을 넘어 다양한 분야에서 국민 생활, 국가 발전, 국가 경쟁력의 핵심요소로 등장하고 있음을 알 수 있다. 우선 한국문화예술위원회에서 문화예술지수를 개발하기에 앞서 고찰자료로 삼은 문화지표 사례 흐름을 살펴보자.[37]

〈표 6〉 **국내 문화지표 사례 요약**[38]

	연구 제목	연구 기관	대분류
국가차원	문화통계 및 지표 체계연구(1986)	유네스코한국위원회 · 한국문화예술진흥원	- 문화유산, 문학, 조형예술, 디자인, 음악, 무용, 연극, 영화, 연예, 대중매체, 사회문화적 활동, 여가활동, 국제문화교류
	문화지표체계 개선(1995)	한국문화정책개발원	- 문화유산, 예술, 대중매체, 사회문화적 활동, 여가활동, 국제문화교류
	문화지표체계 개선: 문화지표(2005)	한국문화관광정책 연구원	- 문화유산, 문학, 조형예술, 공연예술, 대중문화, 문화공간
지역차원	성남시 문화지표 조사연구(2006)	한국문화정책개발원	- 지역환경, 사회생활환경, 문화환경

36) 한국문화예술위원회, 「문화예술의 공공재적 가치와 역할 재설정연구」, 한국문화예술위원회, 2014, 19쪽.

37) 한국문화예술위원회, 「예술지수(Arts Index) 개발 연구」, 한국문화예술위원회, 2013, 9쪽. 문학·예술지수에는 문학인의 수, 출판사 수, 연간 도서관 이용률, 공연예술단체 수, 연간 공연예술행사 관람률, 조형예술인 수, 연간 조형예술전시회 관람률 등이 포함되어 있다.

38) 류정아, 「지역문화 지표개발 및 시범적용 연구」, 문화체육관광부, 2012, 재구성.

	연구 제목	연구 기관	대분류
지역차원	서울시 문화지표 성정 및 측정연구 (2006)	서울시정개발연구원	- 문화시설, 문화프로그램, 문화활동, 전통문화자원, 문화행정
	충청북도 문화지표 설정에 관한 연구 (2006)	충북개발연구원	- 일반현황, 문화 인프라, 문화향수 및 수요, 지역문화정책평가
	인천 문화지표 조사 연구(2008)	인천문화재단	- 인문사회환경, 문화환경, 문화자원, 문화활동, 문화수요
	경기도 문화지표 (2008)	경기문화재단	- 문화기반시설, 문화기반시설 활용, 문화향유, 문화창조, 문화유산
	제주 문화지표 (2012)	제주발전연구원	- 문화유산, 문화예술, 문화시설, 문화축제, 전통문화

<표 6>에서 보는 바와 같이 한국문화예술위원회에서 만든 국내 문화지표는 국가 차원의 문화지표와 지역 차원의 문화지표로 나눈 뒤, 영역별로 분류하고 있다. 문화지표를 수치화하기에는 한계점이 있으나, 문화예술을 삶의 지표로 삼으려는 데 그 의의가 있다고 본다.

한국문화예술위원회는 문화가 삶의 질을 향상시키는 효과를 주기 때문에 문화의 다양성을 주창하는 문화예술 프로그램을 만들어 주민들의 삶의 질을 향상시키거나 지역사회의 화합과 의식 수준을 고양할 수 있다고 판단하였다.

결과적으로 한국문화예술위원회에서 개발한 문화예술지수는 다음과 같다.

〈표 7〉 예술지수[39]

분야 지수	세부 지수
예술창작생산지수	• 인력지수 - 문화예술종사자 수 - 문화예술활동가 수 • 콘텐츠지수 장르: 문학, 시각예술, 연극, 무용, 음악, 전통예술
예술재정지수	- 예산지수 - 기부지수
예술시설지수	- 시설지수 - 시설인력지수
예술향유지수	- 향유지수 - 참여지수
예술성과지수	- 향유결과지수 - 시장성과지수

문화예술적 삶의 지수는 비산업적 도시재생에 있어 중요한 요소다. 이것은 앙리 르페브르의 생동공간 이론, 레이 올든버그의 제3의 공간 이론, 그리고 리처드 플로리다의 창조도시 이론과 일맥상통한다.

르페브르의 생동공간, 올든버그의 제3의 공간, 플로리다의 3T 이론을 토대로 비산업적 도시재생의 특징을 살펴보고 비산업적 도시재생을 위한 분석 틀을 도출하였다.

비산업적 도시재생의 문화적 지표는 다음과 같다.

39) 한국문화예술위원회, 앞의 글, 2013, 37-43쪽.

〈표 8〉 비산업적 도시재생을 위한 문화적 지표

구분	내용	분석 지표
생동공간 (체험된(=삶) 공간)	내적	- 문화와 예술이 토대다 - 지역의 아이덴티티가 존재한다 - 다양한 커뮤니티가 존재한다
	외적	- 자생적(자연 발생적)으로 생겨났다 - 거리문화가 있다 - 지역(마을) 내 가까이에 존재한다
	주체	- 지역 주민의 자발적인 참여가 있다
제3의 공간 (소통의 공간)	내적	- (개인적) 문화를 향유할 수 있다
	외적	- (상호적) 문화를 서로 공유하는 커뮤니티, 프로그램이 있다
	주체	- (대중적) 문화 생산자와 소비자가 함께 모여 전달하고 나눈다: 자발적 공유와 소통
창조도시의 3T 이론	내적 관용 (=다양성)	- 접근성이 용이하다 - 인구(외국인 수) 계층이 다양하다 - 지역민의 참여가 높다
	외적 기술 (=환경)	- 창조적 공간이 있다 - 창조적 활동을 촉진하는 환경(사회적 제도)이 있다 - 전체 공공 지출 중 예술 및 문화 부문 지출 비중이 높다 - 자발적 참여를 촉진하는 환경에 대한 평가가 높다
	주체 (인재)	- 창조계급 종사자가 있다 - 문화예술 및 지역의 발전을 위해 강력한 옹호자가 될 수 있는 공동체 리더가 있다

생동공간의 분석 지표는 내적, 외적, 주체에 따라 문화예술이 토대로 되어 있는지(문화예술성), 지역의 자생성 및 창조적 인재로 볼 수 있는 시민들의 자발적인 참여(자생성)가 있는지, 지역적 접근성(대중성)은 어떠한지 등을 세부 지표로 삼았다. 제3의 공간은 내적, 외적, 주체에 따라 개

인적 문화 향유를 할 수 있는 곳, 상호적으로 문화를 공유하는 곳, 대중적으로 문화를 전달하고 나눌 수 있는 곳인지를 지표로 삼았다.

2. 공간 이론과 문화공간 연구

앙리 르페브르의 생동공간

'문화공간' 연구의 핵심 이론가로 제일 먼저 앙리 르페브르를 들 수 있다. 르페브르의 연구는 그의 생애와 밀접하게 연관된다. 그는 전 생애에 걸쳐(1901~1991) 프랑스가 근대화되고 산업화하며 도시화되는 것을 보았다. 그런 가운데 프랑스 소농들이 누리던 전통적인 삶이 급속히 파괴되는 현상을 지켜보아야 했다.

1920년대 초반은 프랑스 대중들이 산업화 양식으로 재편되던 일터로부터, 그리고 관료적 양상으로 재조직되던 시민사회로부터 소외를 겪기 시작하던 때였다. 이런 상황이 르페브르로 하여금 소외 문제에 천착하도록 했고, 또한 마르크스와 헤겔의 철학과 사회비판 이론에 관심을 두도록 하였으며, 나아가 그를 프랑스 공산당에 가입하게 되는 결정적 계기가 되기도 하였다. 제2차 세계대전 동안 르페브르의 경력에는 커다란 공백이 발생하였다. 그의 저서와 원고는 제2차 세계대전 동안 비시(Vichy) 정부에 의해 소각되었으며, 종전 후에도 공산주의 관련 저술로 인해 정권으로부터 박해를 받았다. 지적 중심부로부터 벗어난 상황에서 그는 프랑스 농촌의 변화에 관한 학위논문을 가까스로 마쳤다. 그러나 학위논문이 *La vallée de Campan - Etude de sociologie rural*(1963)로 발간되면서 그는 농촌사회연구의 창시자로 주목을 받게 되었다.[40]

1960년대에 들어 르페브르는 낭따르(Nanterre) 근교의 한 신흥대학에서 교수직을 맡게 되었고, 1968년 학생들이 소르본(Sorbonne)과 레프트 뱅크(Left Bank)를 점령했던 사태에 가장 큰 영향력을 준 인물이 되었다. 낭따르는 그가 근대 도시생활의 소외 문제를 비판할 수 있었던 환경을 제공해주었다. 그는 도시, 자연, 지역의 고정관념이 가지고 있는 문화적 구성물에 관해 비판적 입장으로 보기 시작하였다. 특히 도시 쟁점들이 학문적으로 세분화하는 현상, 이를테면 계획학, 지리학, 조사방법론, 건축학, 사회학, 심리학 등으로 나뉘는 것에 대해 커다란 회의를 제기하였다. 르페브르의 이론은 일상생활과 도시 사이에 사는 인간 행태를 이해하기 위해 자연스럽게 등장할 수밖에 없었다.

그가 내세운 인간주의의 핵심은 일상생활의 '소외조건'을 비판하는 데 있었다. 그는 1930년대 후반 노버트 구터만(Nobert Gutterman)과 함께 이를 발전시키면서 그 결과를 1947년 『일상생활의 비판(Critique of Every Life)』으로 출판하였다. 르페브르는 '일상성(Everydayness)' 혹은 '진부함(banality)'을 근대성의 한 측면인 정신의 황폐화로 해석하는 마르크스적 전망을 따랐다. 인간의 소외 문제를 다룬 또 다른 철학자로는 하이데거가 있다. 하지만 르페브르는 하이데거와는 달랐다. 하이데거는 일상성 혹은 진부함을 형이상학적이거나 정신적인 문제로 간주했던 사람이다. 반면 르페브르는 마르크스적 분석을 확장하여 새로운 형태의 소외를 발견하였다.[41]

『일상생활의 비판』에서 가장 큰 변화는 르페브르의 비판이 일상생

40) 로브쉴즈·조명래, 「앙리르페브르: 일상생활의 철학」, 『공간과 사회』 통권 제14호, 2000, 11쪽.
41) 로브쉴즈·조명래, 앞의 글, 2000, 13쪽.

활 영역이나 가정과 사회 전반의 관계에 대한 것으로부터 도시생활에 관한 전면적인 분석으로 옮겨간 점이다. 그의 도시생활에 관한 비판 작업은 모든 도시민은 '도시에 대한 권리(a right to the city)'를 갖는다는 데서 시작된다.[42] '도시에 대한 권리' 즉 도시권은 도시 일상생활이 쇠퇴하는 위기에서, 실존적 고통에 대한 반대작용에서 비롯되었다. 또 도시권은 이 위기를 똑똑히 직시해 대안적 도시생활을 창조하라는 명령을 담고 있다는 의미에서 요구되었다.[43]

도시민은 쇠퇴하는 일상생활 속에서 대안적 도시생활을 창조하는 것도 도시에 대한 권리라고 주장하였다. 여기서 르페브르가 말하는 대안적 도시생활이란 덜 소외되고, 더 의미 있고 활기 넘치는 것을 말한다.

그 당시 프랑스는 1848년 2월 혁명 결과 공화정을 뒤엎고 루이 보나파르트가 황제가 되어 나폴레옹 3세의 칭호를 얻는 등 정치적 격변기였다. 나폴레옹은 정치적으로는 자신에 반대하는 정치 운동을 대대적으로 탄압하는 한편, 경제적으로는 국내외 사회기반시설에 투자하였다. 파리의 도시기반시설을 재편성하는 사업도 그 일환이었다. 나폴레옹 3세는 1853년 조르주 외젠 오스만(Georges Eugene Haussmann)에게 도시기반시설 재편성 사업을 추진하라고 명령하였고, 오스만은 '도시공간의 형성'이라는 과제 아래 도시개발을 진행하였다. 그 결과 파리는 '빛의 도시'가 되었고, 소비, 관광, 쾌락의 일대 중심지로 변모하였다. 카페, 백화점 등이 세워지고, 패션산업이 번성하며, 대형 박람회 등이 개최되면서 파리 시민의 생활양식은 완전히 바뀌게 되었다.

그러나 이후 파리 대개조를 뒷받침했던 금융 시스템과 신용구조

---

42) Henri Lefebvre, *The Exploison: From Nanterre to the Summit*, Paris: Monthly ReviewPress, 1969(Originally Published 1968).

43) 데이비드 하비, 한상연 역, 『반란의 도시』, 에이도스, 2014, 9쪽.

가 과잉 팽창하면서 점차 투기적 성격을 띠게 되었다. 결국 1868년 도시 재정은 파탄 나고 말았다. 오스만이 파괴한 기존 도시 체계와 파리 대개조 사업을 겪으면서 사람들은 자신들의 도시를 되찾고 싶다는 열망을 갖게 되었다. 이러한 열망이 원동력이 되어 파리 콤뮨대회에 많은 이들이 참여하게 되었다. 르페브르도 같은 이유로 이 대회에 가담하였다 비록 이 대회는 실패로 끝났지만 파리 콤뮨대회를 통해 도시화 속에서도 인간의 기본 권리와 가치에 대해 논하기 시작했다는 점에서는 의미가 있다.

『공간의 생산』에서 르페브르는 공간을 지각공간, 개념공간, 생동공간 세 가지로 나누었다.

① **지각공간**(Espace conçu; The conceived) 일상생활이나 상식적인 감으로 인지되는 일상적 공간이다.
② **개념공간**(Espace perçu; The perceived) 공간 전문가나 이론가들이 설정하는 공간으로 기획공간을 말한다. 지도제작자, 도시계획가, 부동산투자자와 같은 공간 전문가들이 기획하는 공간이다.
③ **생동공간**(Espace vécu; The lived) 사람다운 삶이 구현되는 조건이 실현되는 공간을 말한다.

생동공간은 사람들이 상상 혹은 예술과 문학 등 문화를 통해 살아 있는 공간을 말하며, 대중적으로 감지되는 '지각공간'이나 여느 도시계획자들이 규정하는 '개념공간'을 넘어서는 삶과 공간화의 일체화에 의미를 부여하는 공간을 말한다. 생동공간은 문화예술이 있는 나다움의 공간이다. 그래서 생동공간을 재현의 공간이라고도 한다.

이러한 재현공간은 많은 작품들(화가의 그림, 건축가가 지은 건물 등) 속에 등장한다. 하지만 개중에 몇몇 예술가들이나 학자들은 이와는 전혀 다른 공간재현, 즉 지평선, 평행선의 소실점 등을 통해서 뚜렷하게 한정되는 동질적인 공간을 만들어냈다.[44]

르페브르의 공간 개념을 도표화 하면 다음과 같다.

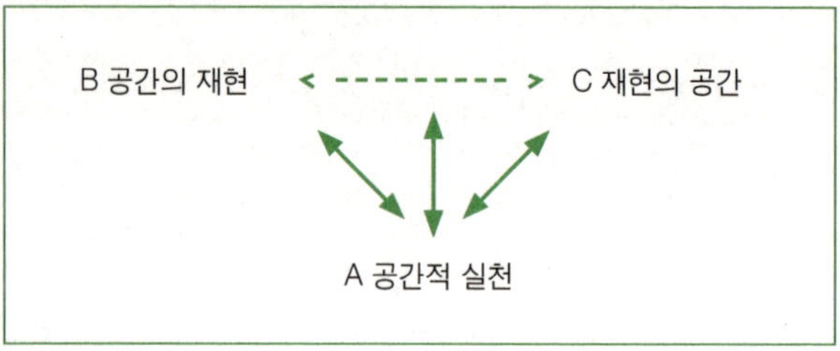

A 공간적 실천 (spatial practices) → 지각공간	지각된 공간 (The perceived)	일상적인 시공간 경로와 공간구조물
B 공간의 재현 (representations of space) → 개념공간	개념에 의해 만들어진 공간 (The conceived)	지식(이성)과 기술을 가진 전문가/권력자들이 구축한 공간(지도, 도시계획, 행정구역, 계획적 신도시)
C 재현의 공간 (space of representation) → 생동공간	생동(체험)공간 (The lived)	인간 개개인의 육체적 욕망에 근거하는 체험에 의해 생성되는 공간

〈그림 2〉 앙리 르페브르의 공간 개념도[45]

44) Henri Lefebvre, *op. cit.*, 1974, 79쪽.
앙리 르페브르, 앞의 책, 2011, 143쪽.

45) 이득재, 「공간, 계급, 그리고 로컬리티의 문화」, 『로컬리티 인문학』 제6호, 2011, 228쪽 표 재구성.

르페브르가 말하는 생동공간은 사람들의 상상 혹은 예술과 문학을 통해 살아 있고, 또한 접근되는 공간이기도 하다. 생동(체험)공간 혹은 재현의 공간을 통한 나다움의 재현·구현(공간의 재현)은 궁극적으로 니체가 말하는 '완전한 인간'의 구현을 전제한다. 이는 공간과 삶의 일체화를 의미한다. 그의 공간 개념은 이런 점에서 공간성(공간 속에 사회적 삶이 녹아 있는 성질)을 뜻한다.[46]

르페브르의 개념공간, 지각공간, 생동공간 이론은 데이비드 하비(David Harvey)로 이어진다. 하비는 『도시의 정치경제학』에서 공간에 대해 다음과 같이 설명한다.

① **물질적 공간의 실천**(practice of material spatial) 생산과 사회적 재생산을 보장하기 위한 방식이 공간 내에서 공간 간에 걸쳐서 발생하는 물리적·물질적인 흐름과 이동, 그리고 상호작용에 관한 것이다.
② **공간의 표상**(representations of space) 일상적인 상식적 용어나 공간적 실천을 다루는 학문적 원리들의 특수용어(기술, 건축, 지리, 계획, 사회생태학 같은)에 의해 그러한 물질적 공간실천들이 이야기되고 이해되도록 하는 모든 기호와 의미들, 부호와 지식을 포괄한다.
③ **표상의 공간**(space of representation) 공간적 실천에 대한 가능성에 새로운 의미를 생성하려 하는 사회적 고안물(부호, 기호와 상징적 공간, 특별한 건조 환경, 그림, 박물관 같은 물질적 구조물)이다.

이와 같이 하비는 르페브르의 이론을 좀 더 구체화하여 설명하였는데, 이를 도표화 하면 다음과 같다.

---

46) Henri Lefebvre, *op. cit*,, 1974, 93-96쪽.
앙리 르페브르, 앞의 책, 2011, 160-170쪽.

〈표 9〉 공간적 실천의 표[47]

	접근 가능성과 거리화	공간의 점유와 사용	공간의 지배와 통제
물질적 공간의 실천 (경험) =지각공간	① 재화 · 화폐 · 사람 · 노동력 · 정보 등의 흐름 ② 교통과 통신체계, 시장과 도시 위계	① 도시 건조환경들, 기타 '텃세권'의 지정 ② 의사소통과 상호부조의 사회적 네트워크	① 토지의 사적 소유, 국가와 도시의 사회적 공간과 행정적 공간 구분 ② 배타적 공동체와 근린관계, 배타적 지대화와 사회 통제 형태(치안과 감시)
공간의 표상 =개념공간	① 사회적 · 심리적 · 물리적 거리 측정 ② 지도 만들기 ③ 거리 마찰에 대한 이론들(최소노력 원칙, 사회물리학, 재화의 범위, 중심지 및 여타 입지 이론의 형태)	① 개인적 공간 ② 점유 공간의 심상지도 ③ 공간의 위계 ④ 공간의 상징적 표상	① 금지된 공간들 ② 영역적 규범, 공동체, 지역문화 ③ 민족주의, 지정학
표상의 공간 (재현의 공간) =생동공간	① '미디어가 메시지다' 새로운 공간 교류 양식 (라디오, TV, 영화, 사진, 그림 등)	① 대중적인 스펙터클을 위한 시위 · 폭동, 대중적 스텍터클을 위한 장소들 (거리, 광장, 시장 등)	① 조직화된 스펙터클; 기념물과 의식(rituals)의 구조화된 공간들 ② 상징적 장벽과 상징적 자본의 기호들

하비에 따르면 르페브르의 지각공간은 물질적 공간의 실천을 말하고, 공간의 표상은 지각공간, 그리고 표상의 공간은 생동공간을 가리킨다. 르페브르가 공간 실천의 영역을 '공간적 실천', '공간의 재현' 그리고 '재현의 공간'으로 구분한 데 비해 하비는 '접근성과 거리화', '공간의 점

47) 데이비드 하비, 앞의 책, 1996, 328쪽.

유, 활용', '공간의 지배와 통제'라는 영역으로 르페브르의 공간을 구체적인 공간실천의 영역으로 확장하고 있다. 이러한 세 가지 차원들을 하비는 경험되는 것(the experienced)에서 상징되는 것(the imagined)으로 특징짓고 구분하였다.

한편 르페브르는 인간에게 공간이란 주어진 것이 아니라 '사회적으로 생산된 것'이라고 주장한다. '사회적 생산'은 인간의 인지적 작용과 사회적 역학에 의해 공간이 규정되고 표현되는 것을 뜻한다. 물질 공간만이 아니라 지각공간(mental space)도 사회적으로 생산된다.

르페브르의 공간 개념[48]을 도시재생과 연관 지어보면, 도시 내에 있는 건물들이 1차적 공간=지각공간이라면, 그 안에 목적을 가진 공간을 '개념공간'이라 할 수 있다. 홍대앞을 예로 든다면 홍익대학교, 마포구청 등이 그렇다. 그리고 그 공간을 살아 움직이게 하는 문화적 가치가 주어진 공간을 생동공간이라 할 수 있다. 성미산마을이 그런 예 중 하나다.

성미산마을은 성미산이라는 공간의 가치를 품고 이를 통해 공동체를 만들어낸 사례다. 공동체는 공간을 끼고 그 위에서 형성되지만, 공간이 있다고 꼭 공동체가 생기는 건 아니다. 공동체 안에 무엇보다 중요한 건 공유하는 문화가 있어야 하는데, 이는 다양한 문화 활동이 함께 이루어지는 것을 말한다.

르페브르가 말한 생동공간은 공간의 성격에 대한 기존의 철학적 논쟁을 넘어섰으며, 공간 내(in)에 사람이나 사물을 중심으로 연구한 인문지리학, 도시계획, 건축분야에 대한 논의도 뛰어넘고 있다. 그가 말하

48) 조명래는 그의 저서 『공간으로 사회 읽기』(90-91쪽)에서 앙리 르페브르의 공간을 일반적으로 표상하는 말로 '지역'이라고 하였다. '지역'이 자연을 토대로 사람들이 사회적·문화적 관계가 형성된 일정한 지리적 영역(절대 공간)이라면, '공간'은 고정적인 물적 구성물뿐만 아니라 유동적인 사회적 관계 등을 내포하는 맥락적 세트(절대적일 수도 있고 상대적일 수도 있다)라고 규정할 수 있다. 다시 말해 공간은 지역의 구체적 속성을 좀 더 추상화한 개념이라고 해석하였다.

는 생동공간의 모습이 문화적 도시재생에 중요한 역할을 한다는 데 그 의의가 있다고 볼 수 있다.

레이 올든버그의 제3의 공간

르페브르가 나눈 세 가지 공간 개념처럼 공간을 특징에 따라 나눈 또 다른 학자로는 레이 올든버그(Ray Oldenburg)가 있다. 그는 공간을 제1의 공간, 제2의 공간, 제3의 공간으로 나눠 이해하였다.

올든버그의 저서 『아주 멋진 장소』를 보면, "제1의 공간은 집, 제2의 공간은 생산적인 일을 하는 업무공간을 가리키며, 제3의 공간은 집과 업무공간을 넘어선 커뮤니티와 커뮤니티가 모여 행위를 하는 포괄적인 사회적 공간이다"[49]라고 하였다.

올든버그가 말한 제3의 공간은 외적인 장소뿐만 아니라 내적인 커뮤니티, 소통을 강조한 공간임을 알 수 있다.

올든버그는 제3의 공간의 중요성에 대해서 이렇게 언급한다.

> '제3의 공간'은 집도 직장(제1, 제2의 장소)도 아니고 우리가 소외를 덜 느끼는(사람들이 있는) 커피숍, 서점, 카페 같은 장소를 말한다. '제3의 공간'은 '좋은 친구들, 활발한 대화의 기쁨을 누리기 위해 시간을 보내는, 즉 사회적 활력을 제공하는 커뮤니티의 심장'이다.[50]

올든버그는 이러한 제3의 공간에는 좋은 친구들, 활발한 대화의

---

49) Ray Oldenburg, *op. cit.*, 1999, 14쪽.
50) Ray Oldenburg, *Ibid.*, 16-18쪽. 이 글은 Richard Florida, *The Rise of the Creative Class*, BASIC BOOKS, 291쪽에도 언급되어 있다.

기쁨을 누리기 위해 시간을 보내는, 즉 사회적 활력을 제공하는 커뮤니티가 있음을 강조하고 있다. 그리고 그 커뮤니티는 다음과 같은 일을 내포한다.

> 이 공간은 중립적 위치상에 존재하며 이를 찾는 방문자들의 눈높이에 맞추어, 사회적 평등에 해당하는 일련의 상황을 만들어낸다. 이곳에서 이루어지는 가장 주된 활동은 바로 대화(소통)이며 대화(소통)야말로 인간의 인격과 개성을 드러내고 또 향유하는 수단이다.[51]

따라서 제3의 공간은 제1의 공간도 제2의 공간도 아니면서 쾌적하고 편안함을 느끼는 공간으로 혼자 또는 다수가 자신들의 의지 때문에 정기적으로 점유하며, 편안하고 비공식적인 공공장소를 뜻한다. 이 공간은 중립적 위치상에 존재하며 이를 찾는 방문자들의 눈높이에 맞추어, 사회적 평등에 해당하는 일련의 상황을 만들어낸다. 이곳에서 이루어지는 가장 주된 활동은 바로 대화(소통)이며 대화(소통)야말로 인간의 인격과 개성을 드러내고 향유하는 수단이 된다.

올든버그는 특히, 제3의 공간에서 대인 커뮤니케이션인 '대화'를 통한 소통을 강조했다. 가정과 직장생활의 평범한 기대와 의무가 다소 유예되며 사람들 간의 상호작용이 가정과 직장에서보다 훨씬 빈번한 장소로서 제3의 공간을 제시하였다. 이처럼 제3의 공간은 사용자들에게 커뮤니티 공간의 역할을 하며, 공간 내에서 상호 작용을 통해 이용자 간의 소통을 유발한다. 현대에 와서는 대화를 통한 언어적 대인 커뮤니케이션 보다는 제3의 공간에서 여유와 사색을 즐기며 음악을 듣고 예술작품을 감상하거나 공간 내의 테마와 체험 요소를 통한 비언어적 커뮤

51) Ray Oldenburg, *op. cit.*, 1999, 42쪽.

니케이션에 대한 요구가 증가하고 있다.[52]

이러한 제3의 공간에서 빼놓을 수 없는 개념은 '향유의 공간'이다.

현대에 와서 유희적(놀이적) 개념이 확산되고 제3의 공간 개념을 적용한 마케팅이 보편화하면서 대부분의 소비공간이 제3의 공간으로 탈바꿈하고 있다. 즉 현대인들은 일상을 향유하며 여가를 보내는 공간으로 제3의 공간을 선택한다. 제3의 공간으로 대표적인 공간을 예로 들면 카페가 있다.

카페는 그 발생 자체가 제3의 공간으로서의 특성을 가지고 시작되었고, 근래에 와서는 도시민의 복합문화공간으로 자리를 잡고 있다. 이러한 흐름 속에서 카페는 유희성을 바탕으로 다양한 기능을 포괄하는 제3의 공간으로서 가치 소비를 지향하는 이용자의 니즈와 소비 트렌드를 반영하여 더욱 개성화·복합화되면서 발전하고 있다. 카페는 힐링 공간, 소통의 공간, 개인화된 공간, 가치 표현의 공간, 문화 향유의 공간 특성을 가지며 문화공간 역할을 담당한다.

여기서 카페의 형성 배경을 살펴보자.

카페(café)라는 말은 프랑스어에서 차용되었는데, 커피라는 뜻의 터키어 'kahve'에서 유래한다. 카페의 시작은 커피의 유입과 함께한다. 1664년 터키에서 출발한 배 한 척이 프랑스 마르세유에 도착하면서 유럽에 커피가 유입되었고 카페도 생겨났다. 커피를 마시는 장소가 카페가 된 셈이다.

카페는 차츰 단순히 커피를 마시기 위한 곳이 아니라 집과 일터를 떠나 편안한 상태에서 개인적인 여유를 즐기는 쉼터 역할을 하게 되었다. 또한 카페는 음악, 미술, 사상, 철학, 정치 담론을 생산하는 곳으로서

---

52) 문근이, 「제3의 공간으로서 카페의 공간연출전략」, 건국대 석사학위논문, 2013, 16-17쪽.

커피를 마시는 공간 이상의 의미를 지니게 되었다.

이러한 흐름 속에서 카페는 유희성을 바탕으로 다양한 기능을 포괄하는 복합문화공간으로 발전하였다. 두 가지 이상의 문화 기능을 가지고 있는 장소를 복합문화공간이라고 한다면 북카페는 책과 커피라는 두 가지 요소가 합쳐진 복합문화공간이라고 할 수 있다. 북카페라 해도 다양한 형태의 북카페가 존재한다. 즉, 커피가 우선이며 책이 장식용 정도의 부차적 존재가 되는 북카페도 있고, 책을 직접 만드는 출판사에서 운영하며 책이 우선이고 커피는 부차적인 것이 되는 곳도 있다. 이 책에서 지칭하는 북카페는 후자, 즉 책이 우선이고 커피는 부차적인 것이 되는 북카페다.

북카페는 복합문화공간으로 개인적인 문화 향유를 넘어 다른 사람과 문화를 서로 나누고 전달하는 소통의 공간이다. 이런 이유에서 북카페는 제3의 공간이라 할 수 있다. 또한, 이러한 소통의 문화공간은 비산업적 도시재생에서 소통의 역할을 한다.

공간과 문화공간 연구

먼저 공간 연구에 대한 해외 사상가들의 흐름을 살펴보자. 지금까지 공간은 주로 건축학, 사회학, 문화인류학, 미학 등에서 연구되어 왔다. 국토연구원에서 발행한 『현대공간이론의 사상가들』을 보면 공간학자들을 지리-공간, 도시계획, 건축-설계, 정치경제, 도시생태, 사회-문화, 지역개발 분야로 나누어 소개하고 있다. 이 책에서는 공간을 비산업적 도시재생 관점에서 다루고자 하므로 건축학, 미학(디자인), 사회(지리-공간), 도시계획, 도시생태, 사회-문화 위주로 살펴보고자 한다.

공간은 사회 속에서 의미가 더해진다. 실재하는 공간과 사회는 이

양자가 통일된 (또는 상호 통합된) 것이다. 즉 공간은 사회적으로 구성되는 동시에 사회는 공간적으로 구성되기 때문에 공간과 사회의 구성은 상호 침투해서 존재한다. 공간을 연구한 사회학자로는 피에르 브르디외(Pierre Bourdieu)와 안소니 기든스(Anthony Giddens)가 있다. 브르디외는 물리적 공간과 사회적 공간으로 나눠 공간을 이해했으며, 기든스는 공간 연구에서 인간 중심으로 성찰해야 할 때라고 주장하였다.

미국의 제인 제이콥스(Jane Jacobs)는 서구 도시에서 나타나는 다양한 도시문제에 대한 비판과 함께, 시민 참여와 근린의 중요성을 강조했다. 제이콥스는 『미국 대도시의 죽음과 삶』에서 도시는 탄생하고, 성장하고, 성숙하고, 썩으며 그리고 다시 살아나는 생명체와 같다며 도시 공동체 즉, 살아 있는 도시를 주창하였다.

에드워드 렐프(Edward Relph)는 장소성과 무장소성을 주창한 지리학자다. 렐프는 본질적으로 장소가 인간 실존의 근원적 중심이라고 주장하였다. 또한 렐프는 장소는 진정한 장소감을 일으키는 장소와 비진정한 장소감을 일으키는 장소 두 가지로 구분할 수 있다고 보았다. 무장소성이란 의도적인 깊이가 결여되고 평범하고 평균적인 경험의 가능성만을 제공하는 경관을 지칭하는 것으로 장소가 이러한 진정성을 상실했거나, 심각하게 훼손된 상태를 말한다. 렐프는 현대 산업사회에 다양한 경관과 의미 있는 장소(place)가 결핍된 일종의 무장소(placeless)의 지리가 나타났다고 주장한다. 요컨대, 렐프는 장소에 '인간'이 소외될 경우 무장소라고 주창하는 인본주의적 연구가라고 할 수 있다.

한편 공간을 연구한 문화연구가로는 레이먼드 윌리엄스(Raymond Williams), 게오르그 짐멜(Georg Simmel), 발터 벤야민(Walter Benjamin) 등이 있다.

윌리엄스에 의하면 중세 후기에 처음으로 문화라는 단어가 사용되었을 때는 곡물 경작과 동물 사육, 즉 농업 중심의 의미로 활용되었다.

그 후 문화는 정신의 계발을 묘사하는 단어로 변화했는데 이러한 문화 개념을 윌리엄스가 현대적 의미에 맞게 정리하였다.[53] 즉, 문화라는 단어는 점점 더 많은 개념을 흡수하며 개인의 능력 계발 전반을 포함하게 되었고, 나아가 사회적·역사적 과정 전반을 포함하는 광의의 개념으로 확대되었다. 윌리엄스가 말하는 문화란 첫째, 예술과 예술적 활동, 둘째, 일차적으로 상징적 특징을 지니는 특정한 생활 방식, 셋째 발전의 과정이다.

게오르그 짐멜(Georg Simmel)은 당시 베를린이 소도시에서 수도로 승격되면서 대도시로 급성장하는 과정을 겪으면서 대도시 문화를 보았다. 짐멜은 사회조직이 대도시공간의 조직화와 변화에 미치는 양상을 이론적으로 개념화했다. 짐멜은 사회적 상호작용에 영향을 미치는 공간의 특징을 공간의 배타성, 공간의 분할, 공간의 고정화, 근접성, 공간적 이동 등으로 설명하며 도시문화의 연구에 선도적 역할을 했다.

짐멜은 현대 대도시의 현실이 가진 심리적 결과로서 나타나는 개인주의에 대해서도 관심을 보였다. 이러한 관심은 발터 벤야민(Walter Benjamin)으로 이어진다. 벤야민은 특히 개인의 기억과 경험을 공간 문제와 결부 지어 논했다.

벤야민은 "살아가는 건 흔적을 남기는 것이다"라고 말했으며, 인간은 도시의 건물, 건물의 내부 환경과 같은 틀 속에 인간 실존 양식의 실마리이자 지나온 경과의 표시인 '흔적'을 남기고 도시가 이 흔적을 기억의 저장고로서 보전한다고 보았다. 이 흔적을 읽는 것은 도시를 연구하는 주요 방법론이며, 이 흔적들은 문화적 기억들과 긴밀하게 연결되어 있다.[54]

---

53) 레이먼드 윌리엄스, 김성기 역, 『키워드』, 민음사, 2010, 124쪽.

54) 그램 질로크, 노명우 역, 『발터 벤야민과 메트로폴리스』, 효형출판, 2005, 140-144쪽.

벤야민은 『아케이드 프로젝트』에서 대도시화로 인해 새로 생겨난 문화 풍조를 다뤘다. 여기서 벤야민은 '산책자(flâneur)'라는 인물을 대두시켰는데 이는 도시의 거리를 소요하는 사람으로 도시에 거주하면서 타인과 한 발 떨어져 즐거움을 추구하는 사람이 많아졌다는 뜻이다.[55] 그가 제시한 '산책자(flâneur)'는 도시의 거리를 소요하는 신사로 볼거리를 즐기면서 아스팔트 위에서 채집·조사하는, 즉 '산책하기(flanerie)'를 하는 사람이다. 그에 따르면 도시는 관찰자들에게 보이고 경험되는 것으로 도시 경관이 어떻게 해석되고, 그 의미가 어떻게 개인의 일상적인 경험 속에서 각인되는가가 중요하다.

벤야민은 도시 내에서 문화를 향유하는 사람들 모습에 관심을 가지고 추상적인 도시공간을 구체적 물질성을 지닌 공간체험으로 이어지게 하였다.[56]

다음으로 공간을 연구한 철학가에 대해 살펴보기로 하자.

하이데거(Martin Heidegger)는 기술과 커뮤니케이션의 급속한 발전(산업화)으로 인해 갈수록 줄어드는 공간의 의미에서 자신의 사유를 시작했다. 그는 "거주한다는 것은 개인과 세상의 평화로운 조화다. 인간은 거주함으로써 존재하며 거주는 건축함으로써 장소에 새겨진다"고 하였다.[57] 즉 인간은 집을 짓기 시작하면서부터 거주할 수 있었고, 거주한 다음에야 비로소 사고(思考)할 수 있었다고 한다. 거주할 수 있는 곳이 공간이라면 공간과 인간은 한 묶음인 셈이다.

이상에서 공간 연구에 대한 해외 사상가들의 흐름을 살펴보았는데, 이를 간단히 정리하면 첫째, 공간은 사회 속에서 의미가 더해지며,

---

55) 발터 벤야민, 조형준 역, 『아케이드 프로젝트』, 새물결, 2008, 127-129쪽.

56) 윤미애, 「도시, 기억, 산보-벤야민의 거리의 산보객 이론에 관하여」, 『오늘의 문예비평』, 2003, 214쪽.

57) 마르틴 하이데거, 이기상·신상희·박찬국 역, 『강연과 논문』, 이학사, 2008, 186-189쪽.

둘째, 공간은 인본주의적으로 성찰해야 하며, 셋째, 공간은 인간이 사는 문화를 향유하고 창출할 수 있다. 즉, 공간은 인간과 한 묶음이며 사회(도시)는 사람들이 삶을 일구는 터전(문화적 공간)임을 알 수 있다.

다음으로 공간에 대한 국내의 연구를 살펴보자.

박서호는 공간(空間)이라는 개념을 한자 뜻풀이에서 시작한다. 즉, '空間은 빌 공(空), 사이 간(間)으로 이루어져 있으며, 이를 해석하면 '빈 사이', 즉 '빈 것'으로 풀이된다고 하였다. '공'도 빈 것이고 '간'도 빈 것이라는 말인데 공간은 사물, 형상, 관계, 의미 등으로 채워지면서 인간의 실존 자체가 된다는 것이다. 즉 공간은 '비어 있는'의 의미와 함께 '채워지는'의 의미를 지니는 역설적인 개념이기도 하다. 인간(人間)이라는 한자도 '사람과 사람 사이'라는 공간적 의미를 함축하고 있으므로 인간과 공간은 '사이'라는 점에서 유사점이 있다.

건축학자 김수근은 공간 개념을 공간, 시간, 인간이라는 세 가지 요소들의 함수 관계로 설명하고 있다.[58] 가장 단순한 3차원 공간은 '효율 공간', 공간+시간으로 된 4차원 공간은 '자궁 공간', 그리고 공간+시간+인간으로 구성된 5차원 공간은 '기분 공간', 이렇게 세 종류의 공간으로 구분하였는데 여기서 5차원의 '기분 공간'이 레이 올든버그의 제3의 공간에 해당한다고 볼 수 있다.

조명래는 공간과 공간적 삶을 주체와 객체와의 관계로 해석하였다. 조명래는 공간이란 물질·사건, 주체·행위 등이 엮여 배열·구성되는 환경, 영역, 맥락이라고 보았다. 따라서 공간의 가장 중요한 개념적인 속성은 '구성'인 셈이다. 공간을 채우고 규정하는 '구성', 이것은 공간 자체이기도 하다. 이 구성은 일시적일 수 있고 항구적일 수도 있다. 이를테면 '도시'라

58) 김수근, 『좋은 길은 좁을수록 좋고 나쁜 길은 넓을수록 좋다』, 공간사, 2012, 163쪽.

는 용어는 도(都)와 시(市), 즉 정치와 경제의 활동이 집적된 장소를 지칭하는 것으로 주로 기능에 주목한다. 반면 '도시공간'이란 말은 '활동, 기능, 관계의 엮음, 맥락, 구성, 틀'을 보는 개념(즉 기능+구성의 통합적 의미)이다.[59]

정리하자면 사람은 공간을 이루면서 하루하루를 살아가고 함께 모여 사는 큰 사회(도시)도 만들어간다. 공간 속에서 사람은 형성의 주체지만 동시에 공간을 구성하는 객체기도 하다.

그러고 보면 우리의 삶치고 공간과 관련되지 않은 것이 없다. 공간은 그만큼 우리의 실존적 삶 그 자체지만, 오늘날 우리의 삶은 더욱 '공간화(spacialized)'되고 있다.

그렇다면 문화공간은 어떻게 해석해야 할까. '문화공간'이란 말은 문화라는 매개체를 통해 활동하고 관계하는 '기능'과 '구성'의 통합적 의미라고 볼 수 있다.

문화를 주제로 삼고 공간을 연구한 학자들로는 강내희, 박태호, 김왕배, 심승희 등을 들 수 있는데, 이들은 도시공간과 문화적 실천양식의 형성, 근대성과 공간의 문제 등을 중점적으로 연구하였다.[60]

강내희는 이미 「압구정동의 문제설정」, 「독점자본주의와 문화공간: 롯데월드론」, 「서울, 그 일상 공간의 동학」 등의 글을 통해 문화 현실을 도시문화공간의 일부로 잡아서 분석하기도 했다. 사실 공간을 통한 문화 분석은 강내희 뿐만 아니라 1990년대 중반 즈음 이미 많은 연구자와 연구단체에 의해 시도되었다. 한국공간연구회의 『서울연구: 유연적 산업화와 새로운 도시·사회·정치』, 현실문화연구회의 『공간의 문화정치: 공간문화 서울』 등이 대표적인 연구서다.

---

59) 조명래, 『공간으로 사회 읽기』, 한울, 2013, 41쪽.
60) 김수아·백미숙, 「서울시 문화공간의 담론적 구성: 홍대 공간을 중심으로」, 서울연구원, 2013.

한편 이무용은 홍대를 대상으로 홍대문화의 장소성 특징 연구를 했는데 특히 미디어 지리학이라는 용어를 사용한 점이 눈에 띈다. 미디어가 한 지역에 미치는 영향은 꽤 크다는 것이다. 예를 들면 홍대 클럽 문화는 홍대 지역 활성화에 영향을 미쳤다.

미디어를 중심으로 홍대를 연구한 이무용과 달리 저자는 홍대앞 문화 중에서도 책과 관련한 문화공간을 살펴보고 창조도시로서의 삶터(문화공간)로 홍대앞을 주목하여 비산업적 도시재생의 가능성을 분석하고자 한다.

이 책에서 얘기하고자 하는 공간은 이런 모든 공간 속에서도 지역공간, 그중에서도 문화적 가치를 담고 있는 문화공간을 말한다. 문화공간이라는 용어에 앞서 '공간'에 대한 의미를 살펴보기로 하자. 『문화연구사전』에는 공간에 대해 다음과 같이 나와 있다.

> 인간의 상호작용은 다양한 사회적 의미를 가진 특정한 공간 속에 위치하기 때문에, 인간 활동은 공간에 분산된 것으로 이해할 필요가 있다. 예를 들면 '가정'은 거실, 주방, 식당, 침실 등 다양한 생활공간으로 나누어진다. 이러한 공간은 다양한 방식으로 이용되는데 그 안에서 다양한 문화적 의미를 가진 일련의 활동이 이루어진다.[61]

『문화연구사전』에서 말하는 공간은 사회적 구조물로 이해하며, 인간의 상호작용은 특정한 공간 속에 위치하고 있다. 그러므로 공간 속에 나타난 인간 활동은 다양한 방식으로 해석해야 한다고 말하고 있다.

한편 『웹스터 사전』은 공간(space)을 이렇게 정의한다.

---

61) 크리스 바커, 이경숙·정영희 역, 『문화연구사전』, 커뮤니케이션북스, 2009, 19-20쪽.

"① 두 점 사이의 시간적 경과(lapse of time between two points in time), ② 1차원·2차원·3차원으로 한정된 범위 또는 여러 방식으로 구획되거나 구분된 영역(a limited extension in one, two, or three dimensions: a part marked off or bounded in some way), ③ (벽, 지붕, 측면 등과 같은) 건축방식에 의해 규정된 형태를 갖춘 용량(the shaped volume defined by architectual forms(as walls, roofs, and wings)) ④ 경계 없이 모든 방향으로 확장되어 있으며 물리적 대상이나 사건 그리고 그들 간의 질서 관계로 구성된 영역인 3차원적 실체(a three-dimensional entity) ⑤ 지구 대기권 밖으로 확장된 영역(a region beyond the earth's atmosphere) 등으로 정의한다.[62]

여기서 보면 영어의 공간(space)은 장소의 개념에서 우리가 흔히 말하는 지역(region)까지 포함하고 있다. 공간은 한자로 空間이며, '비어 있는 사이'라는 의미가 있다. 그 사이에는 주체와 대상(객체) 사이에 끊임없는 흐름이 있다. 間은 영어로 inter로 '사이'라는 뜻을 지니고 있다.

inter는 상대적 개념이다. 예를 들면 intertextuality은 사이텍스트성, 간(間)텍스트성, 상호텍스트성으로 번역된다.[63]

그렇다면 문화공간이란 무엇인가. 물리적으로 보이는 빈 공간에 문화콘텐츠가 들어있으면 새로운 차원으로 만들 수 있는데 문화콘텐츠가 들어 있는 공간을 가리켜 우리는 문화공간이라 한다. 다시 말해 문화콘텐츠는 문화공간을 새로운 차원으로 끌어내는 역할을 해준다.

문화적 가치를 담고 있는 문화공간에 대한 연구는 앞에 수식어가

---

62) 『웹스터 사전』, Merrian-Webster, 2004. (검색일자 2015. 9. 15)

63) 최근에는 inter 대신에 trans를 쓰고 있다. 예를 들면 transnational의 트랜스에는 사이를 관통하다, 교차하다는 의미가 있다. 또한 최근 미디어, 매체를 넘은 초미디어, 초매체의 의미로 쓸 때는 transmedia라는 말을 쓰기도 한다.

붙는다. 즉, 해양 문화공간, 수변(水邊) 문화공간, 복합문화공간, 다문화공간, 역사 문화공간과 같이 대상이 앞에 온다.

이렇게 다양한 문화공간은 지역 연구에서 중요한 역할을 하고 있으며, 최근 들어 지역 내 도시재생과 연관되어 있다. 문화공간 연구자들은 도시공간을 함께 연구한다. 도시공간은 비도시공간의 상대개념이다. 어촌, 농촌 공간의 상대개념이다. 일반적인 도시일 수도 있고, 홍대 공간 같은 특정 공간일 수도 있다. 여기서 주로 많이 언급되는 것이 도시재생이다.

그런데 지금까지 도시재생에는 도시인들에 맞춰서 기획된 공간을 조성하는 것이 주였다. 기획공간은 지역민의 참여가 없는 행정기관 주도의 밀어붙이기식 일방적 공간 창출이었다. 이러한 자발성 없는 행정기관의 도시재생 사업에는 한계가 있다. 이와는 반대로 인천의 배다리 역사마을은 비 기획적으로 태어난 곳이다. 인천 배다리역사마을은 일제 강점기 시기부터 형성되었다. 그런데 정부가 이곳에 도시재생의 일환으로 산업도로를 만들면서 마을을 두 쪽으로 나누려고 하자, 지역 주민들이 힘을 모아 스스로 마을을 지켜낸 곳이다.

또 마포구에 위치한 홍대앞은 다양한 문화예술이 자발적으로 꽃핀 지역이다. 홍대앞은 홍대앞이 지니고 있는 역사적 배경과 문화적 정체성을 통해 기획적인 문화공간과 비기획적인 문화공간을 모두 볼 수 있는 독특한 곳이다. 그러므로 홍대앞 문화공간은 산업적, 비산업적 관점 모두에서 살펴볼 수 있는 최적의 공간이라고 할 수 있다.

진정한 문화공간은 어떻게 만들어야 할까? 문화적 도시재생의 참된 의미는 무엇인가? 그리고 비산업적 관점에서 보는 문화적 도시재생의 요소는 무엇인가? 다음 장에 나오는 국내외 도시재생의 사례를 살펴보다 보면 비산업적 도시재생을 이해할 수 있을 것이다.

3. 비산업적 도시재생에 대한 이해

도시재생(urban regeneration)이란 산업구조의 변화와 신시가지 위주의 도시 확장으로 인한 도시 공동화를 극복하기 위해 기존 도심에 새로운 기능을 도입하고 창출함으로써 쇠퇴한 도시를 새롭게, 경제적, 사회적, 물리적으로 부흥시키는 사업[64]을 말한다. 도시재생은 건물을 전면 철거한 후 새로운 도시를 건설하는 재개발을 의미하는 것이 아니다. 간단하게 정의하자면, 도시재생이란 도시의 생명을 다시 살려내는 것을 말한다. 이 말은 기존 도시의 구조를 해치지 않으면서 창조적으로 도시에 새로운 가치를 부여하여 활성화하자는 의미다.

그중에서도 비산업적 도시재생(non-industrial urban regeneration)이란 문화콘텐츠를 경제성장의 수단이 아니라 삶의 가치를 추구하는 수단으로 활용하는 것을 의미한다. 성공적인 도시재생 사례들을 살펴보면 문화적 전략에 의존하는 경우가 적지 않아 문화적 도시재생이 사실상 도시재생의 가장 일반적인 유형이라 할 수 있다. 이순자·장은교는 도시재생의 모습을 시기별로 다음과 같이 구분하고 있다.

〈표 10〉 도시재생의 패러다임 변화[65]

-19세기	-20세기 초	1960-70	1980	1990	2000 이후
전산업 도시	산업화 과정의 도시	산업화 도시	환경도시 지식정보 도시	문화도시 창조도시	창조적 문화도시

64) 박치완 외, 『문화콘텐츠입문사전』, 꿈꿀권리, 2013, 281쪽.
65) 이순자·장은교, 「지역거점 문화도시 조성사업의 추진실태 및 향후 과제」, 국토연구원, 2012, 12쪽.

영국이나 유럽 등은 제1, 2차 세계대전을 거쳐 1960년대에 이르러 산업화에 따른 도시 문제가 생겨나자 도시재생 방법을 연구하게 된다. 이들 국가는 먼저 산업화를 통한 마을 부흥 계획을 세워 지역민에게 일자리를 만들어주는 방식으로 도시재생에 나섰다. 그러나 이러한 일차적인 방법들이 지속적인 도시재생으로 연결되지 않자 1980년대 이후부터는 점차 문화를 기반으로 하는 도시재생의 중요성을 강조하였다. 각 지역이 가지고 있는 차별성을 기반으로 한 새로운 도시재생 개념이 요구된 것이다.

1980년대 이전까지의 도시재생은 산업화가 중심이었지만 1980년대 이후에는 탈산업화가 진행되어 문화산업 등 새로운 산업이 성장하면서 도시재생의 의미 또한 상당한 변화를 겪게 되었다. 1990년대에는 문화 경쟁력이 도시성장을 좌우한다는 창조도시, 문화도시 이론이 등장하였으며, 문화자원 활용을 통한 도시재생 전략이 등장하였다.[66] 이를 '창조도시론'이라고도 한다. '창조도시론'에는 문화예술 등의 창조적 문화도시를 지향하게 하였다. 문화예술이 있는 창조적 도시에 대한 주장은 미국의 저널리스트이자 도시계획 운동가인 제인 제이콥스로부터 시작된다.

제인 제이콥스의 도시재생

일반적으로 현대 창조도시론의 원류는 1960년대의 제이콥스에서부터 시작된다고 보고 있다. 하지만 찰스 랜드리에 의하면 창조도시라

66) 유승호는 그의 저서 『문화도시』에서 최근에 나타나고 있는 문화도시의 가장 큰 특징 키워드로 공간(space), 장소(place), 도시성(urbanism), 편의시설(amenity), 문화자본(cultural capital), 문화산업(cultural industrial), 지속성(sustainability), 창조도시(creative city) 8가지를 꼽았으며, 도시재생에서 문화적 가치의 중요성에 대해 언급하고 있다. 유승호, 『문화도시』, 가쎄아카데미, 2008. 34쪽.

는 아이디어가 제기되기 시작한 것은 1980년대 말 무렵이고, 그것이 본격적으로 논의된 것은 1990년대 초다. 제이콥스는 지역사회 문제와 도시계획, 도시의 쇠퇴에 관해 관심을 쏟은 저술가이자 사회운동가라고 보는 편이 타당할 것이다. 제이콥스는 『미국 대도시의 죽음과 삶』에서 1950년대 미국의 도시재생 정책을 날카롭게 비평해 유명해졌다.

제이콥스는 원래 도시계획과 주거정책 개혁에 관한 글을 쓰는 프리랜서 기자였다. 그런데 그가 살던 동네에 고속화도로 설립이 계획되면서 일방적인 공사가 진행되었다. 제이콥스는 대규모 고속화도로 건설 반대 캠페인과 도심 근린 주거 지역 해체 반대 캠페인에 앞장섰다. 도시의 다양성과 생명력을 살리는 일에 평생을 헌신한 그는 자신들이 사는 이 도시에 진정으로 필요한 것은 폭력적이고 일방적인 개발과 공사가 아니라 조그만 동네와 오래된 건물들, 북적거리는 사람들과 도로에서 뛰어노는 아이들임을 미국 각 도시의 실례를 들어 구체적으로 설명했다.

그가 말하는 재개발은 계획된 도시가 아니라 인도(人道)를 중심으로 이뤄지는 도시의 활기찬 삶과 다양한 소통이 있는 곳임을 주장한다. 그는 지역공동체를 파괴하는 도시재생 프로젝트를 저지하는 시민운동에 참여하며, 도시재생은 새로운 개발이 아니라 사람이 중심이어야 한다고 강조하였다. 이러한 그의 의식은 『미국 대도시의 죽음과 삶』에 고스란히 나와 있다.

> "이제까지 수십억 달러를 쏟아부어 우리가 건설한 것들을 보라. 저소득층 주택단지는 기존의 슬럼보다도 더 심한 비행과 파괴와 전반적인 사회적 절망 상태의 중심이 되어버렸다. 도시생활의 활기나 활력과는 동떨어진 불가사의한 답답함과 획일성의 표본인 중산층 주택단지. 김빠진 천박함으로 공허를 누그러뜨리려고 애를 쓰는 호화 주택

단지. 좋은 서점을 유지하지 못하는 문화센터. 여기저기 돌아다니는 것 말고는 선택의 여지가 없는 부랑자들만 찾는 시민센터. 규격화된 교외 체인점 쇼핑을 흐리멍덩하게 모방한 상업센터. 어디서 시작해서 어디서 끝나는지 알 수 없는, 산책하는 이 하나 없는 산책로. 대도시의 속을 드러내 버린 고속화도로. 이런 건 도시 재건축이 아니라 도시 약탈이다.[67]

제이콥스는 사람들이 도시에서 가장 필요로 하는 것은 안전과 생기와 다양성이라는 결론을 내렸다. 그리하여 서구 도시에서 나타나는 다양한 도시문제에 대한 비판과 더불어 시민 참여와 근린의 중요성을 강조했다.

제이콥스가 창조도시로 주목한 곳은 뉴욕과 같은 거대도시가 아니라 이탈리아 중부에 위치한 인간적 규모의 도시인 볼로냐와 피렌체 등이었다. 그는 이들 도시를 사례로 들면서 창조도시를 "거대한 소기업군, 공생관계, 직장 이동의 용이성, 경제성, 유연성, 효율성, 적응성, 자생적인 발전, 혁신적인 자기조절이 가능하도록 도시 인프라를 갖춘 도시"로 보았다.

제이콥스가 말하는 도시는 온갖 일들과 소통이 이루어지는 곳으로, 사람들이 교류하고 접촉하는 공간을 말한다. 그리고 이러한 도시의 특성이 가장 적나라하게 드러나는 곳이 바로 거리이다. 사람들이 접촉하는 기회만 가로막지 않으면, 이동을 방해하지 않는 선에서 접촉의 기회를 많이 배치하기만 하면 거리는 사람들로 넘쳐난다. 그리고 자연스럽게 걸어 다니는 사람들은 사생활과 익명성을 포기하지 않고도 서로

67) Jane Jacobs, *The Death and Life of Great American Cities*, VINTAGE, 1989, 4쪽.

에게 눈길을 주면서 서로의 안전을 지켜준다. 그리고 이런 도시에 생명력을 부여하는 것은 다양한 인간 활동이다.

> "그 자체가 하나의 구조적 체계인 도시는 다른 종류의 유기체나 물건이 아니라 자체의 관점에서 직접 볼 때 가장 잘 이해할 수 있다. 그렇지만 파악하기 쉽지 않은 짤막한 비유가 도움이 된다면, 아마 최선의 비유는 어둠 속에 펼쳐진 넓은 들판을 상상해보는 게 좋을 것이다. 들판에는 여기저기 불이 타고 있다. 어떤 불은 크고 어떤 불은 작다. 어떤 불은 멀리 떨어져 있고, 어떤 불은 가까이에 점점이 붙어 있다. 어떤 불은 밝게 빛나고 어떤 불은 서서히 꺼져간다. 크든 작든 간에 각각의 불은 주변의 암흑에 빛을 퍼뜨리며, 이런 식으로 하나의 공간을 만들어낸다."[68]

도시의 활력을 떠받치는 것은 다양성이고 그 다양성은 업무 때문에 바쁜 걸음을 재촉하는 사람들, 눈요기를 하며 상점가를 거니는 사람들, 할 일 없이 산책하는 커플, 동네 골목에서 뛰노는 아이들이 만들어낸다. 도시의 거리를 사람들로 채우는 것, 그것이야말로 안전하고 살기 좋은 도시를 만든 지름길이라고 제이콥스는 말한다.

살아 숨 쉬는 도시, 생동공간을 만들기 위한 제이콥스의 제안 역시 주류 도시계획의 거창한 설계도와는 거리가 멀다. 제이콥스의 생동공간을 만들기 위한 제안을 살펴보면 다음과 같다. 첫째, 단일용도 중심의 지구계획 대신 다양한 용도가 자연스럽게 뒤섞이게 하여야 한다. 이런 저런 용무로 거리를 이용하는 사람들이야말로 도시의 다양성과 활기를 만들어내는 주인공이다. 둘째, 슈퍼블럭 대신 짧은 블럭을 만들어야 한

68) Jane Jacobs, *op. cit.*, 1989, 376-377쪽.

다. 지름길과 선택의 폭이 넓은 짧은 블록은 그 자체가 걷고 싶은 거리를 이루며 자주 나타나는 모퉁이는 그 자체가 도시의 다양한 모습을 이루고 사람들의 만남을 유도한다. 셋째, 오래된 건물과 신축건물이 공존하게 하여야 한다. 마지막으로 무조건 저밀도를 추구할 것이 아니라 적정한 인구의 집중을 유지해야 한다. 우리가 할 일은 도시생활의 발전에 넉넉한 기회를 제공할 만큼 조밀하고 다양하게 집중된 도시민들의 도시생활을 장려하는 것이다.

이처럼 살펴본 바에 의하면, 제이콥스가 말하는 도시란 도시계획에 맞춘 거대한 도시가 아니라 거리에 사람들이 있고, 사람 중심의 활력 있는 도시를 말한다. 그리고 이런 도시에 생명력을 부여하는 것은 다름 아닌 인간의 다양한 활동임을 알 수 있다. 제이콥스의 생명력 있고 활력 있는 도시는 르페브르가 말하는 생동공간과 일맥상통한다.

찰스 랜드리의 창조도시

창조도시라는 용어를 쓰면서 창조도시론을 창출한 이로는 영국의 찰스 랜드리(Charles Landry)를 들 수 있다. 랜드리의 『창조도시』를 보면 도시재생에서 사람이 중심이 되어야 한다는 기본적인 원칙 외에 창조성과 문화적 요소가 중요하다는 사실을 알 수 있다.

랜드리는 창조도시를 독자적인 예술문화를 육성하고, 지속적이고 자생적인 발전을 통해 새로운 산업을 창출할 수 있는 능력을 갖춘 도시라고 정의한다. 즉, '자유롭고 창의적으로 문화 활동 영위가 가능하도록 문화적 인프라가 갖추어진 도시'다. 또한 랜드리는 창조도시를 위해서는 우선 창조환경이 만들어져야 한다고 주장한다. 랜드리는 창조도시에 대해 이렇게 말한다.

> 영국을 대상으로 실시한 조사(1997)에서는 실제로 4%만이 조그만 시골에서 살고 있을 뿐인데도 전체 가운데 84%에 달하는 사람들이 시골 마을에서 살기를 원한다. 우리는 이들이 원하는 바를 충족시킬 수 있을 정도로 마을을 건설할 수 없다. 대신, 우리는 한편에서는 사람들이 한적한 시골에서 거주할 때 느끼는 가치들—지역의식, 소속감, 연속성, 안정과 예측 가능성 등—을 재창조함으로써, 또 다른 한편에서는 시골 마을에서는 도저히 찾을 수 없는 도시만의 독특한 성격—웅성거림, 상호작용, 상업, 예상치 못한 즐거움 등—을 통하여 도시를 살기 좋고 생활하기 좋은 곳으로 바꾸어야만 하는 것이다."[69]

랜드리는 창조적인 도시가 되기 위해서는 일곱 가지 전제조건이 필요하다고 하였는데 이에 대해 자세히 살펴보자.

첫째, 개인의 자질이다. 창조도시에는 풍부하게 사고하고 개방적이며 유연하며 종래와는 다른 관점에서 문제를 사고하고 반성하는 사람이 필요하다는 말이다.

> "창의적인 개인은 역할을 다하도록 전략적 요충지에 배치될 필요가 있다. 창의적인 도시에서는 모든 사람이 창의적일 필요는 없지만 그 성패는 개방적이고 용감하고 신선한 사색가가 충분히 있느냐에 달려 있기 때문이다."[70]

즉 창의적인 개인을 전략적 위치에 배치한다면 도시를 변화시킬 수 있다는 것이다.

---

69) 찰스 랜드리, 앞의 책, 2005, 83쪽.
70) 찰스 랜드리, 앞의 책, 2005, 154쪽.

둘째, 의지와 리더십이다. 랜드리는 리더의 종류를 통솔하고 있는 집단의 필요를 반영해주는 보통의 리더, 지역의 상황을 진단하거나 잠재적인 필요성을 도출하고 새로운 영역에 대한 통찰력을 발휘하는 혁신적인 리더, 그리고 완전히 새로운 아이디어를 활용할 수 있는 미래지향적인 리더 세 가지로 구분하였다. 창의적인 도시는 기업체나 공공단체, 비즈니스 조직, 볼런터리 조직에서도 이 세 가지 리더가 존재해야 한다고 말하고 있다.

> "창의적인 도시는 창의적일 뿐만 아니라 변화 속에서 성공을 발견하려는 의지를 가진 사람을 필요로 한다."[71]

셋째, 다양한 인간의 존재와 재능에의 접근이다. 사회 상황 및 인구학적인 상태의 사회학적 또는 문화적 다양성이 있는 인간이나 재능이 요구되는 것을 말한다.

> 사회 상황 및 인구학적인 상태의 다양성은 도시의 창조능력에 영향을 줄 수 있다. 예를 들면 사회적 다양성 및 문화적 다양성이 외국인 혐오를 낳는 것이 아니라 상호이해와 학습을 조장하는 경우가 여기에 해당한다.[72]

랜드리는 하나의 동질적인 인구구성보다 다양한 사람들이 혼재되어야 창의성 발현이 쉽다고 보았다.

넷째, 조직문화, 즉 덜 경직되고 상호 신뢰하는 모습을 보이는 조직

---

71) 찰스 랜드리, 앞의 책, 2005, 156쪽.
72) 찰스 랜드리, 앞의 책, 2005, 160쪽.

이 필요하다.

> 창의적인 조직의 조직문화는 덜 경직적이고, 또 상호 신뢰하는 것이다. 그곳에서는 일의 많은 측면이 "직무를 교환하고, 또 수평적인 프로젝트 팀과 학습기구를 결합하고 개발 아이디어와 훈련을 자매조직과 정기적으로 접촉하고 공유하도록 매니저를 독려하는 것은 이른바 학습체험기회"로 전환된다.[73]

랜드리가 말하는 창의적인 조직의 조직문화는 조직의 역량이 중요하다고 보고 조직이 가지는 역량은 자원과 확인된 잠재능력을 증가시키며, 그리고 그것은 창의적 생각, 창의적 학습을 통해 극대화된다는 것이다.

다섯째, 지역 정체성, 시민적 자부심, 커뮤니티 정신, 도시환경에 빠질 수 없는 남을 배려하는 마음이 있어야 한다.

> 강력한 정체성은 긍정적인 영향력을 가지고 또한 그것은 시민적 자부심, 커뮤니티 정신, 도시환경에 빠질 수 없는 남을 배려하는 마음을 확립하는 전제조건이 된다.[74]

지역 정체성 또는 지역 아이덴티티는 다른 말로 지역성이라 할 수 있는데, 랜드리는 문화적 정체성을 확립하는 것이 무엇보다 중요하다고 보았다.

여섯째, 도시의 공간 시설이 중요하다고 보았다. 구체적으로 공적

---

73) 찰스 랜드리, 앞의 책, 2005, 163-164쪽.
74) 찰스 랜드리, 앞의 책, 2005, 170쪽.

공간, 중립적 영역으로서의 도시중심가, 만남의 장소, 가상적인 장소와 현실의 장소, 공공시설, 문화시설 등을 가리킨다.

> '중립적 장소'로서 도시중심가나 공적 공간은 창조적 아이디어를 창출할 수 있다. 왜냐하면, 그곳은 사람들이 안심하고 편안하다고 느끼는 동시에 보통 경험하는 것보다도 한층 사회적으로 실질적인 환경과 접하면서 자극과 도전을 받는 장소가 될 수 있기 때문이다.[75]

랜드리는 도시 내의 공적 공간을 상호보완적 개념으로 보았다. 문화시설과 문화 활동의 경우도 도시의 이미지를 창출하는 것과 마찬가지로 자극과 도전을 주는 아이디어 교환을 창출하는 중요한 요소로 본 셈이다.

일곱째, 네트워킹과 연대구조를 말한다.

> 네트워킹에는 두 가지 측면이 있다. 그것은 도시 내부에서의 네트워킹과 국제적인 네트워킹이다. 도시는 항상 네트워킹과 커뮤니케이션의 중심이 되어왔지만, 커뮤니티가 보다 이동하기 쉽게 되고 기술적으로 상호 연결됨에 따라서 네트워킹의 성격은 변화해가고 있다. 도시를 조감하면 도시는 그 도시의 종적 횡적 범위를 훨씬 뛰어넘는 중첩된 커뮤니티 및 네트워크의 연속이다.[76]

즉 도시 내부에서의 네트워킹과 국제적인 네트워킹, 그 도시의 종적·횡적 범위를 훨씬 뛰어넘는 중첩된 커뮤니티 및 네트워크의 연속이

75) 찰스 랜드리, 앞의 책, 2005, 173-174쪽.
76) 찰스 랜드리, 앞의 책, 2005, 181쪽.

필요하다.

정리하자면, 랜드리는 창조도시의 일곱 가지 전제조건인 개인의 자질, 의지와 리더십, 다양한 인간 존재와 재능에의 접근, 조직문화, 지역 정체성, 도시 공간과 신설, 네트워킹과 연대구조가 갖춰진 도시 환경을 조성하는 것이 창조도시 설립의 기본 요소라고 하였다. 또한, 랜드리는 도시재생에 있어 창조성과 문화적 요소가 있어야 한다고 강조하였다.

다시 말해 랜드리가 말하는 창조도시란 사람 중심이 되어야 한다는 기본적인 원칙과 문화적 요소가 있는 문화 활동 영위가 가능한 도시임을 알 수 있다.

리처드 플로리다의 창조계급과 창조도시

창조도시를 주장한 미국의 학자로는 리처드 플로리다(Richard Florida)가 있다. 플로리다의 『도시와 창조계급』은 도시와 창조성의 상호관계에 대한 내용을 주제로 삼고 있으며, 21세기의 도시가 어떤 모습으로 진화할지에 대해 예견하고, 또한 도시의 발전 전략과 조건은 무엇인지를 논의하고 있다.[77]

창조도시의 등장 배경인 포디즘(Fodism)의 퇴조와 세계화의 급속한 진전은 도시 및 지역 간의 무한 경쟁을 일으켰다. 이로 인해 도시와 지역 발전을 위한 새로운 전략이 필요하다는 의견이 제기되었고, 이에 따라 다양한 논의들이 관련 학계를 중심으로 진행되어왔다. 이러한 논의의 공통된 토대는 지금까지 지역 발전의 원동력으로 인식하고 있던 것들이 질적으로 변화되어 전혀 새로운 것이 되었으며, 이에 따라 도시와

---

77) 송희영, 「도시와 창조계급」, 『글로벌문화콘텐츠』 제5호, 2010, 311쪽.

지역의 경쟁력이 결정된다는 것이다.[78]

플로리다의 이론 중 가장 주목받고 있는 주장은 바로 창조계급이다. 그렇다면 창조계급이란 무엇인가.

플로리다는 도시와 지역의 경쟁력은 시민의 창조성이 발휘될 수 있고, 창조적인 사람들이 살고, 일하고 싶은 지역을 만드는 역량에 달려 있다고 주장하면서 이와 함께 사회변화를 주도하는 새로운 세력으로 '창조계급(Creative Class)'이라는 용어를 언급하였다. 그의 책 『신창조계급』을 살펴보면 창조계급의 정의가 더 명확해진다. 국제 노동기구(ILO)의 직업분류를 기초로 창조적 활동을 하는 직업을 묶어 창조계급이라 했는데[79] 과학자, 기술자, 건축가, 디자이너, 작가, 예술가, 음악가, 기타 창조성을 중요한 업무요소로 활용하고 있는 이들을 칭하는 개념으로 자유와 개성을 중시하고, 고액의 보수보다 삶의 질을 더 추구한다는 특징을 가지고 있다. 이처럼 창조계급은 문화적 가치를 추구하는 이들로서 문화를 향유할 수 있는 창조적 환경을 중요시한다.

플로리다는 『창조계급의 부상』에서 창조적 인재의 중요성을 역설하면서 지역 발전도 창조적인 사람들이 살고, 일하고 싶은 지역을 만드는 역량에 달려 있다는 주장을 펼쳤다. 이때 사회 변화를 주도하는 새로운 주체 세력을 의미하는 창조계급이란 용어를 처음 사용하여 학계의 주목을 받았다.[80]

플로리다는 그의 저서 『도시와 창조계급』에서 창조적 환경을 갖춘 도시를 창조도시라고 보고, 창조도시의 핵심요소로 기술(Technology), 인재(Talent), 관용(Tolerance)의 3T 이론을 제시했다.

78) 리처드 플로리다, 이원호·이종오·서민철 역, 『도시와 창조계급』, 푸른길, 2008, 4쪽.
79) 리처드 플로리다, 이길태 역, 『신창조계급』, 북콘서트, 2011, 137쪽.
80) 송희영, 앞의 글, 2010, 312쪽.

또한, 창조성의 새로운 경제적 지리와 그것이 경제성과에 미치는 영향을 이해하는 열쇠는 소위 경제발전의 3T에 있다. 기술(Technoloy), 인재(Talent), 관용(Tolerance)이 그것이다. 제각각 필요한 조건이지만 하나만 놓고 보면 불충분한 조건이다. 지역은 창조적인 사람들을 유치하고 혁신을 일으키고, 경제성장을 자극하기 위해서 이 세 가지를 모두 갖추어야 한다.[81]

또한 플로리다는 이 세 가지를 갖추고 있는 도시는 경제적 성과도 나타난다고 보고 경제적 성과는 기업들에 의해 추진되는 곳보다 문화적으로 관대하고 다양성과 창조성을 수용하는 지역에서 더 활발하게 일어난다고 하였다. 플로리다의 의견에 따르면 창조적인 사람들이 살기 원하는 곳은 문화적 환경이 있는 지역으로 문화를 향유할 수 있는 곳이어야 한다.

플로리다의 창조도시는 창조계급이 선호하는 것을 잘 갖추고 있는 도시를 말한다. 그의 창조성 이론의 핵심은 창조도시를 이끄는 3T가 창조도시 속에 잘 발현되어 있는지에 따라 좌우된다. 또 3T의 각 요소는 단독으로는 큰 의미가 없으며 세 요소가 함께 공존할 때만 창조도시가 이뤄진다. 창조계급이 문화를 향유할 수 있는 창조적 환경을 중요시 한다는 것을 알 수 있다.

사사키 마사유키의 창조도시

일본에서 도시재생이 국가정책으로 채택되어 본격적으로 추진된 것은 2001년 고이즈미(小泉) 내각이 출범하면서부터다. 고이즈미 히데키

81) 리처드 플로리다, 앞의 책, 2011, 383쪽.

(小泉秀樹) 전 총리는 도시재생의 목표를 쇠퇴한 도시의 소생 또는 지역자원의 재이용, 도시문화의 부흥에 두어야 하며, 시민들이 쾌적하게 생활할 수 있도록 도시에서 인간성을 회복하는 것이라고 보았다.

이때 창조도시 이론을 일본에 도입하여 적용한 사람이 바로 사사키 마사유키다. 사사키는 볼로냐의 사례를 일본의 가나자와와 요코하마에 적용하여 일본 나름의 지자체 중심 창조도시 이론을 발전시켰다.

사사키는 창조도시에 대해서 다음과 같이 인용하고 있다.

> 창조도시란 '시민의 창조활동의 자유로운 발휘에 기반을 둔 문화와 산업이 풍부한 창조성과 동시에 탈 대량생산의 혁신적이고 유연한 동시경제 시스템을 갖추고 세계적인 환경문제와 지역적인 사회문제에 대해 창조적으로 문제를 해결하고자 하는 창조의 장이 풍부한 도시이다'.[82]

사사키는 주로 지방자치 단체를 창조도시의 연구대상으로 삼았다. 그는 『창조도시를 디자인하라』에서 가나자와, 요코하마, 볼로냐, 바르셀로나 등의 사례를 심층 분석하였다. 특히 『창조도시의 도전』에서는 창조도시가 어떤 특징을 가렸는지에 대해 바르셀로나를 예로 들면서 설명하고 있다. 그는 창조도시의 특징을 다음과 같이 정의했다.

> 첫째, 도시에 현대적인 예술, 즉 현대예술의 에너지가 넘치며 충분히 즐길 수 있다.
>
> 둘째, 예술문화의 창조성을 산업으로 살린 창조 산업군의 발전이 도

82) 사사키 마사유키·종합연구개발기구, 이석현 역, 『창조도시를 디자인하라』, 미세움, 2010, 35쪽. 佐々木雅幸, 『創造都市の展望』, 学芸出版社, 2009, 42쪽.

시 경제의 새로운 엔진이 되어 고용과 부를 만들어내고 있다.
셋째, 시민 자치의식이 높다.
넷째, 세계화가 가져온 부정적인 측면을 완화하기 위한 인류 보편의 가치를 가진 행동을 제기할 만큼 역량을 품은 도시이다.[83]

사사키는 제이콥스의 도시론과 랜드리 등의 유럽 창조도시 이론을 적극 받아들여 일본의 실정에 맞게 지자체 운영에 적극 도입하여 창조도시를 만들고자 하였다. 그러면 여기서 찰스 랜드리와 리처드 플로리다, 그리고 사사키 마사유키가 말하는 창조도시의 전제 조건을 비교해보자.

〈표 11〉 창조도시의 전제 조건 비교[84]

지역	유럽	아시아	미국
발의자	찰스 랜드리	사사키 마사유키	리처드 플로리다
발의 시기	1995년	2001년	2002년
전제조건	① 개인의 자질	① 유연한 지역경제 시스템	① 두터운 노동 시장
	② 의지와 리더십	② 창조지원 인프라	② 생활양식
	③ 조직문화	③ 생산과 소비 간 균형 발전	③ 사회적 상호작용
	④ 다양한 인간의 존재와 재능에의 접근성	④ 아름다운 경관	④ 다양성
	⑤ 지역정체성	⑤ 주민 참가 시스템	⑤ 진정성
	⑥ 도시의 공간 시설	⑥ 재정자주권	⑥ 정체성
	⑦ 네트워킹과 연대구조		
주요 저서	『창조도시』 『크리에이티브 시티 메이킹』	『창조도시의 경제학』 『창조도시로의 도전』	『창조계급의 도래』 『도시와 창조계급』

83) 사사키 마사유키·종합연구개발기구, 앞의 책, 2010, 23쪽.
84) 임상오·이보아·전영철, 『박물관 창조도시 영월』, 해남, 2007, 30쪽 재구성.

<표 11>에서와 같이 리처드 플로리다와 사사키 마사유키, 찰스 랜드리 모두 창조도시 이론에 전제 조건을 두고 각국에 맞는 도시재생을 하고자 하였다. 전제조건을 살펴보면 유럽은 문화예술적 특징이 있는 개인적 자질과 의지와 리더십, 조직문화, 다양한 인간의 존재와 재능에의 접근성, 지역 정체성, 도시의 공간 시설, 네트워킹과 연대구조를 중시하고 있으며, 미국은 인종의 다양성을 전제로 한 풍부한 인력시장, 생활양식과 사회적 상호작용, 진정성, 정체성에 초점을 두었으며, 아시아는 지자체 중심으로 주민의 참가시스템, 유연한 지역경제 시스템, 창조지원 인프라, 생산과 소비간 균형 발전을 중요하게 생각하고 있음을 알 수 있다.

국내 도시재생 패러다임의 변화

국내에서도 도시재생의 흐름은 영국이나 일본의 흐름과 마찬가지로 인간성 회복 쪽으로 바뀌고 있다. 우리나라의 도시재생 관련 연구는 1990년대 후반부터 진행되기 시작하여 2000년대에 들어 활발해졌는데 주로 도심의 기능회복을 포함한 전반적인 연구와 외국의 도시재생 사례, 특히 외국의 문화공간 조성을 통해 도시재생에 성공한 사례를 소개하는 것에 집중되어왔다. 외국의 문화공간 조성을 통해 도시재생에 성공한 사례를 소개하면 다음과 같다.

한국의 대표적인 건축가인 승효상[85]은 지금까지 도시의 발전을 팽창하는 데만 치중했던 것에 반대하며 '성찰적 도시'를 주장한다. 승효상은 성장과 팽창은 과거의 유산이며, 개발과 재개발이 아니라 재생과 치유, 그리고 절제를 통한 지속적 삶과 인간의 감성과 지혜를 나누는 연

85) 「인터뷰: '서울시 총괄건축가'란 이름으로 대중 앞에 선 승효상」, 『국민일보』, 2014. 10. 22.

대적 삶이 새 시대 우리 삶의 방식이 되어야 한다고 보았다.

이무용[86]은 국내 1980년대 이후 도시에는 더욱 다양한 문화적 특성이 출현하였고 각각의 도시 공동체의 형성조건이 달라졌으며, 환경변화에 따라 점차 문화를 기반으로 하는 도시의 중요성이 강조되었다고 했다. 이와 더불어 최근 떠오르는 용어가 바로 '창조도시'다. 과거 그 어느 때보다도 '창조'와 '창의성'의 중요성이 대두하고 있다.

이진희는 창조도시(Creative City)란 시민의 활발한 창조활동 때문에 첨단적인 예술과 풍부한 생활문화가 길러지고 혁신적인 산업을 진흥하는 창조적인 장소가 풍부한 도시를 말하며, 이러한 도시환경에서는 지역의 여러 문제를 민간이 지속해서 해결하여 도시가 발전하는 토대를 만든다고 했다.

이희연[87]은 창조도시를 창조적 인재가 창조성을 발휘하는 환경을 갖춘 도시라고 했다. 즉, 창조도시란 도시의 창조성을 이끌어가는 창조적 인재들이 도시 내에서 활동하면서 예술적 영감과 그들이 지닌 창조성을 충분히 발휘할 수 있을 정도로 문화 및 거주환경의 창조성이 풍부하며 동시에 혁신적이고 유연한 도시 경제 시스템을 갖춘 도시를 말한다.

김인현[88]에 의하면 산업구조의 변화에 따라 공업사회에서 지식사회로 발전하고, 문화와 예술의 가치가 가장 중요한 자원으로 인식되며, 문화도시와 예술도시를 조성하는 창조도시가 증가하고 있다고 한다. 산업구조의 변화를 인식하고 그 지역의 문화적 가치에 주목하는 창조도시는 앙리 르페브르의 생동공간과 일맥상통한다.

---

86) 이무용, 「장소마케팅 전략의 문화적 개념과 방법론에 관한 고찰」, 『대한지리학회지』 제41권 제1호, 한국지리학회, 2006, 40쪽.

87) 이희연, 「창조도시: 개념과 전략」, 『월간국토』 제322호, 국토연구원, 2008, 7쪽.

88) 김인현, 「창조도시 요코하마시(横浜市)와 가나자와시(金沢市)의 비교–창조도시 광주광역시에의 제언」, 『일본문화연구』 제39집, 2011, 125쪽.

한편 임상오[89]는 창조도시를 '지역의 정체성을 대변하며, 지속적인 영감을 주는 재화를 일상적인 삶 속에서 생산·유통·향유·학습하는 시스템을 갖춘 도시'라고 언급하였으며, 라도삼[90]은 '도시민으로 하여금 창의적으로 생각하고, 창의적으로 계획하고, 창의적으로 활동하게 하는 유기체로서의 도시'라고 정의하기도 하였다. 정리하자면 문화적 가치가 중심이 되는 창조도시에서 임상오는 상상력과 창의성이 중요하다고 언급하였고, 이희연과 라도삼은 창조적 인재가 경쟁력의 요소라고 보았다.[91]

지금까지 도시재생의 패러다임 변화를 살펴보았다. 단순히 지역에 인공적인 변화만 주어서는 진정한 도시재생이라고 할 수 없다. 그 안에 담겨진 콘텐츠, 지역의 문화적 가치를 인간 중심과 결부시켰을 때 진정한 도시재생이 되는 것이다. 도시재생에서 차지하는 산업 지향적 경향을 반성하고 삶의 질 문제까지 포함하는 비산업적 문화도시로 무게 중심을 옮겼을 때만이 진정한 생명력을 가지고 도시재생이 지속 가능하다는 주장이다.

이론들을 정리해보면 현재 도시재생 이론에서 가장 중요시하는 것이 사람임을 분명히 알 수 있다. 즉 창조도시에서는 창조를 일으키는 주체(사람)가 필요하고 이 객체를 붙잡아두고 더욱 창의성을 발휘하도록 하기 위해 문화가 전제되어야 하는 것이다. 진정한 도시재생은 단지 사람이 많이 살도록 하는 외형적인 대도시화가 아닌 창의성과 문화가 공존하는 도시여야 한다.

어째서 창조도시에서는 사람이 중요한 걸까? 사람(의 관계)을 중심으

89) 임상오, 「창조도시 진흥을 위한 창조산업 활성화전략」, 『월간국토』 제322호, 2008, 16-17쪽.
90) 라도삼·박은실·오민근·우윤석, 「창조도시의 의의와 사례」, 『도시정보』 제317호, 2008, 3-16쪽.
91) 이병민, 「콘텐츠 생태계 중심 창조적 문화도시의 발전 방향」, 『인문콘텐츠』 제25호, 2012, 11쪽.

로 생각하는 도시재생이야말로 지속적인 생명력을 가지고 있기 때문이다. 사람(의 관계)은 인간 중심의 소통을 말한다. 이는 다른 말로 비산업적 속성에 들어 있다. 비산업적인 가치를 담고 있는 문화콘텐츠를 도시재생에 적용했을 때 진정한 창조도시가 된다. 비산업적인 문화콘텐츠야말로 문화적 도시재생의 필수요건인 셈이다.

비산업적 문화콘텐츠로서의 도시재생을 이해하기 위해서는 인간과 인간의 삶에 가치를 두어야 하며 문화적 도시재생의 모습은 창조도시 이론을 통해서 만들어야 한다. 지금까지 창조도시 이론은 산업경제면에서 주로 다뤄졌지만, 창조도시 이론의 핵심은 '사람'이 중심이 되어야 한다.

제3장 비산업적 도시재생으로서 책문화공간

앞장에서 앙리 르페브르(Henri Lefebvre)의 생동공간과 레이 올든버그(Ray Oldenburg)의 제3의 공간, 리처드 플로리다(Richard Florida) 등의 창조도시 이론을 통해 문화적 도시재생에 있어 비산업적 문화콘텐츠를 이해하고자 하였다. 이 장에서는 비산업적 도시재생을 이끌었던 문화공간을 살펴보고, 위의 세 가지 이론을 바탕으로 재정리한 분석 틀을 적용해 실제 어느 정도 비산업적 도시재생에 성공했는지를 알아보겠다.

문화적 도시재생 사례는 많지만 본 장에서는 문화적 도시재생의 모습으로 책이나 출판에 관련된 국내외 문화공간에 주목해보려 한다. 그에 앞서 도시재생 변천사를 간략하게 훑어보자.

100여 년이 넘는 도시재생 역사를 지닌 서구에서는 도시화가 진전됨에 따라 발생하는 여러 가지 문제를 해결하기 위해 도시재생 사업에 적극적으로 나서게 되었다. 도시재생 사업이 중점을 두었던 부분은 시대에 따라 계속해서 변화를 거듭했다. 특히 1960년대 폭발적인 산업화·도시화를 거치는 동안 도시의 슬럼화, 공동화, 인간소외 현상이 두드러지게 나타나면서 정부는 이를 해결하기 위해 해당 지역의 경제 활성화에 더욱 힘을 쏟았다. 하지만 그러한 노력은 반짝 효과에 그칠 뿐 도시는 경기변동으로 인해 다시 몰락하는 현상이 되풀이되었다. 그로 인해 기존의 산업화 위주의 도시재생 패러다임을 반성하게 되었고 다양한 도시재생 이론이 쏟아지기 시작했다. 그 대표적인 예가 1980년대 제인 제이콥스(Jane Jacobs)의 연구다. 그는 저서 『미국 대도시의 죽음과 삶』에서 도시를 하나의 생명체로 보고 그 안에서 살아가는 인간 삶의 가치를 연구했는데 일반적인 개발은 도시의 죽음을 가져온다고 경고했다.

영국에서도 18세기 중엽 산업혁명을 시작으로 산업화가 진행되면서 인구 집중으로 위생문제, 주거환경문제 등 다양한 도시문제가 발생했다. 이를 해결하기 위해 정부가 나서서 1909년 주택·도시 계획법을 만든 것이 영국 도시재생 사업 역사에서 가장 뚜렷하게 보이는 초창기 시도였다. 영국은 20세기 초기부터 정부 주도의 거버먼트(Government)형 도시계획을 수립했지만 몇십 년간 여러 과정을 겪으며 반성과 보완을 거쳐 현재는 정부와 시장, 민간(개인, 시민사회단체, 사회적 기업 등)이 수평적 관계인 거버넌스(Governence)형 마을 만들기로 전환되었다.[92]

영국 사례만 보아도 지속 가능한 도시재생 사업에서 가장 중요한 것이 무엇인지 알 수 있다. 거버먼트형과 거버넌스형 마을 만들기 개념을 간단하게 표로 만들면 다음과 같다.

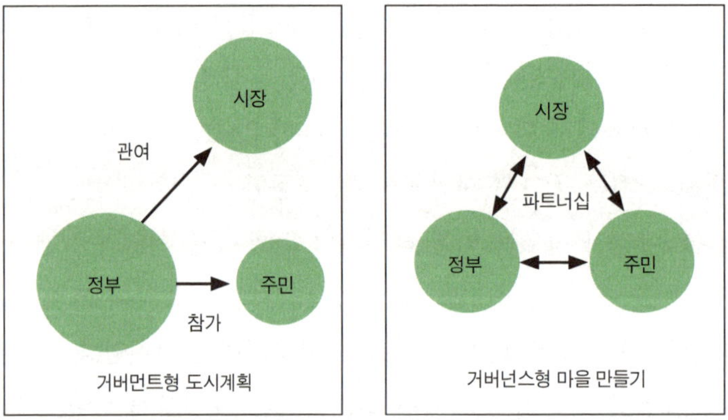

〈그림 3〉 거버먼트형 도시계획과 거버넌스형 마을 만들기 비교[93]

---

92) 니시야마 나스오, 김영훈·김기수·최광복 역, 『영국의 거버넌스형 마을 만들기』, 기문당, 2009, 20쪽.
93) 니시야마 나스오, 앞의 책, 2009, 20쪽.

<그림 3>에서도 알 수 있듯이 거버넌스형 마을 만들기에서 중요한 요소는 첫째, 주민의 참여다. 정부 주도에서 민간 주도로 바뀌면서 민간영역의 대의자로서의 역할을 하는 '자원봉사자(voluntary)'가 확대되었다. 둘째, 이런 자원봉사자 확대를 제도적으로 지원하는 '파트너십(partnership) 정책'이다. 즉 거버넌스형 마을 만들기 사업은 시민사회 영역의 확대를 통해서 개인과 커뮤니티의 자치역량을 강화하는 것이며, 또한 다양한 도시재생 가능성을 열어 도시 내에서 인간의 삶을 풍요롭게 할 수 있다.

우리나라는 1970년대 '한강의 기적'이라고 일컬어지는 고속 발전을 계기로 제2차 세계대전 후 식민지에서 가장 빨리 개발도상국을 넘어 선진국에 들어섰다. 경제적으로 윤택하게 된 것은 물론 좋은 일이다. 그러나 고속성장 이면의 부작용도 속속 드러나고 있다. 그중 하나가 소규모 마을의 몰락이다. 더는 고향에서 일자리를 찾지 못하게 된 젊은이들이 대도시와 인근 산업 지역으로 대거 빠져나가며 마을은 활력을 잃고 점점 쇠퇴해져 갔다. 특색 있는 지방 도시는 없어지고 대도시는 인간과 삶을 도외시한 채 '더 크게, 더 빠르게'만 강조하며 몰개성화, 인간소외 현상만이 두드러졌다.

그러다 1991년 지방자치제가 부활하면서 우리나라도 도시재생 사업에 관심이 높아졌다. 민관이 힘을 합쳐 일자리를 창출하고 독특한 지역문화를 강조해 지역민의 삶을 개선할 뿐만 아니라 관광객을 끌어들여 마을을 되살리려고 계획하고 있다. 그러나 몇몇 성공사례가 있을 뿐 아직 우리나라의 도시재생 사업은 걸음마 단계에 불과하다.

앞에서도 거듭 언급했지만 도시재생 사업이 지속 가능한 효과를 내려면 그 지역 자체가 인간 중심이 되는 공간, 더불어 사는 삶으로서의 생동공간, 상호 호혜적인 소통의 공간이 되어야 한다. 이것이 바로 사회적 가치를 창출할 수 있는 비산업적 도시재생이다. 이 세 가지 가치를 잘 보여주는 대표적인 해외 도시재생 사례로 영국의 헌책방마을 헤이온와이(Hay-on-Wye)와 일본의 츠타야(TSUTAYA, 蔦屋) 서점, 이마리(伊万里) 시민도서관 등을 살펴보고자 한다. 국내 사례로는 파주출판단지와 인천 배다리역사마을을 살펴보겠다.

우선 헤이온와이는 국내 파주출판단지와 헤이리예술마을의 모델이 된 곳이기도 한데, 헤이온와이가 어떤 문화적 특성이 있으며 지금까지 40년 이상 책마을로 지속 가능했던 요인이 무엇인지 분석해보았다.

일본의 대표적인 복합문화공간인 츠타야서점은 단순히 서적만 판매하는 곳이 아니다. 즉, 그저 물건만 파는 상업적인 시설에 그치지 않고 새로운 라이프스타일과 정보를 제공하는 공간으로 탈바꿈하여 책을 통해 지역 활성화에까지 영향을 미치며 큰 역할을 하고 있다.

또한 규슈의 이마리시에 있는 이마리 시민도서관은 다양한 프로그램으로 지역문화 활성화와 마을 공동체 가치 제고에 큰 공헌을 하고 있다. 모든 활동을 지역 주민과 함께하고 있기 때문이다.

한편 파주출판단지는 기획적인 도시계획으로 만들어진 책문화공간으로 문화적 도시재생의 좋은 사례로 언급되는 경우가 많다. 하지만 넓은 부지에 세워진 멋진 건물에 다양한 출판사와 관련 산업이 들어오긴 했지만, 실제로 파주출판단지에 가보면 정작 가장 중요한 사람이 보이지 않는다. 지금의 파주출판단지를 생동공간, 제3의 공간, 창조도시론에서 중요시하는 평가지표로 만든 분석 틀에 맞춰 어떤 문제가 있는지 분석하고 향후 어떠한 요인을 강화해야 지속해서 발전할 수 있는지 살펴보려고 한다.

인천 배다리역사마을은 개항 이후 근대 종교와 교육, 산업, 노동, 교통, 상업의 시발지였고 한국전쟁 이후에는 헌책방 거리로 유명했던 곳이다. 현재 산업개발이라는 위기를 이겨내고 꿋꿋하게 마을의 문화적 특성을 지켜오고 있는 이곳은 우리나라의 근현대사를 증언하는 역사와 문화적 시설, 오래된 가게와 헌책방, 공방, 아기자기한 갤러리, 벽화거리 등으로 마을재생에 성공했다. 이곳 또한 앞서 만든 분석 틀에 대입해 분석해볼 것이다. 분석 틀을 대입한 이들 다양한 사례를 통해 4장 홍대앞 문화공간에 대한 이해도를 높이고 우리나라의 비산업적 도시재생의 나아갈 방향을 가늠해보고자 한다.

1. 해외 책문화공간

영국의 헌책방마을 헤이온와이 책마을

워낙 다양하고 특이한 문화공간이 많은 유럽이지만 그래도 마을 전체가 책방인 감성 충만한 곳이 있다고 하면 믿어지겠는가. 그런데 그런 곳이 동화 속이 아니라 실제로 존재한다. 그것도 단순한 전시공간이나 테마관광지가 아닌 마을 사람들이 책방을 하면서 다양한 경제 활동을 하며 삶을 영위하며 살아가고 있다. 그곳은 바로 총인구 1,300여 명의 작은 마을 헤이온와이(Hay-on-Wye)다. 헤이온와이에는 크고 작은 헌책방이 40여 개나 있으며, 연간 50만 명의 관광객이 찾아오고 100만 권의 헌책이 판매된다.[94]

헤이온와이는 '헤이 강 골짜기 언덕에 울타리로 둘러싸인 마을'이

94) 리처드 부스 강연, 「책마을 창시자 리처드 부스 초청강연」, 군포시, 2015. 9. 12. 2015년 군포독서대전에 창시자인 리처드 부스가 초청되어 헌책방마을 탄생 과정을 설명하였다.

라는 뜻으로 잉글랜드와 웨일즈 접경 지역에 위치해 있다. 브레콘 비콘스 국립공원에서 와이 강을 따라 남동쪽으로 내려간 곳의 작은 마을이다. 이 한적한 시골 마을이 어떻게 전 세계적으로 유명한, 세계 최고의 헌책방마을이 된 것일까? 그렇게 되기까지는 고향을 아끼고 사랑한 한 청년 리처드 부스의 열정과 집념이 큰 역할을 했다.

헤이온와이의 주민들은 전통적으로 양과 토종 조랑말을 기르며 농업에 종사하였다. 농장들 대부분이 영세하여 농민들이 일자리를 찾아 멀리 다른 곳으로 이주해 나가는 농촌 이탈 현상이 가속화되고 있었다. 게다가 1960년대 초반에는 대형 슈퍼마켓들이 생겨나면서 전통적인 작은 가게들은 살아남기 어려워졌다. 이렇게 마을 주민들이 경제적 어려움과 불안한 미래로 고민하던 시기인 1961년, 헤이온와이에서 나고 자란 리처드 부스가 옥스퍼드대학을 졸업하고 고향으로 돌아온다. 고향을 떠나는 젊은이들을 안타깝게 여기던 그는 어떻게 마을을 되살릴지 고민하다 '마을의 빈 건물을 헌책방 명소로 만들어보자'고 마음먹게 된다.

그는 가장 먼저 낡은 소방서 건물을 싼값에 사들여 헌책으로 채워 나갔다. "이런 작은 시골 마을에서 헌책방이 되겠냐?"는 주위의 만류에도 아랑곳하지 않고 리처드 부스는 계속해서 책을 구입하였다. 소방서를 책으로 다 채웠지만 책을 사러 오는 사람은 아무도 없었다. 하지만 그는 좌절하지 않고 '좋은 책을 보유하면 사람들이 오게 되어 있다'는 굳은 신념으로 대학도서관이나 대저택 등 책을 정리한다는 곳이 있으면 어디든지 달려가 헌책을 사들였다. 때마침 영국의 많은 대형 도서관들이 수 세기 동안 수집한 책들을 싼값에 판매하기 시작하였고 리처드는 영국 전역을 돌아다니며 보물 같은 책들을 구입하였다. 화물차와 대형 트럭에 책을 싣고 옮기는 작업은 무척 고됐지만 다행히 헤이온와이에는 오랜 농사일로 잔뼈가 굳은 육체노동자들이 있어서 도움을 받을 수 있었다. 또한, 엄청난 양의 책을 분류하기 위한 진열 선반도 필요했는데 다행히 1, 2층에 선반이 있는 영화관과 창고를 구입해 이 문제도 해결하였다. 당시 헤이온와이에는 책방으로 개조하기에 안성맞춤인 빈 건물이 많았다.

또한 그 무렵 선박과 항공편을 이용한 수송 수단이 발전하여 컨테이너 수송이 가능하게 된 것도 각지에서 책을 사들일 수 있게 된 요인이었다. 멀리 미국 도서관에 있는 책들도 컨테이너로 실어 왔다. 유럽에서 건너간 미국 1, 2세대 이민자들은 책을 포함한 귀중한 소장품을 많이 가지고 갔었다. 이들에게서 독일어, 불어, 네덜란드어로 쓰인 전 시대의 귀중한 책들을 사들인 것이다. 이 책들은 나중에 많은 사람을 헤이온와이로 끌어들이는 일등공신이 되었다. 자칫 버려질 뻔한 유럽의 소중한 문화자산이 리처드 부스의 열정으로 미국에서 다시 유럽으로 돌아오게 되었다는 점도 높이 평가할 만하다. 당시 해마다 컨테이너 4~5대 정도의 책을 실어 왔는데 권수로는 매해 82,000권 정도를 들여온 셈이다. 방대한 책을 분류하고 정리하는 데는 많은 노동력이 필요하였고 결과적으로 헤이온와이 사람들에게 일자리를 제공할 수 있게 되었다.

그렇게 마을의 공간을 헌책으로 채운 다음 리처드 부스는 헤이온와이를 세계에 알릴 필요가 있다고 생각했다. 그래서 1977년 4월 1일 만우절을 기해 헤이온와이를 '서적 왕국'으로 칭하며 독립을 선포하였고 스스로 자신을 '서적왕 리처드'로 추대하는 등 기상천외한 퍼포먼스를 펼쳤다. 또한 독자적으로 의원을 선출해 의회를 열기도 했다. 여기에 헤이온와이만의 화폐, 우편, 신문, 여권까지 발행하였다. 그의 예상대로 이 일이 언론에 대서특필되면서 단기간에 마을에 대한 관심을 집중시킬 수 있었다. 매체를 통해 세계로 헤이온와이 이야기가 퍼지면서 영국

뿐만 아니라 여러 나라에서 관광객이 몰려오게 되었다.

리처드의 집념이 하나둘 실현되자 마을 주민들도 동참하게 되었고, 마을 곳곳에 속속 헌책방이 생겨났다. 오래된 성, 문 닫은 극장, 버려진 집, 쓸모없던 창고가 속속 헌책방으로 바뀌면서 세계 최초로 헌책방 마을이 탄생하게 된 것이다. 어느새 이곳은 '책마을'이란 별칭을 자연스럽게 얻게 되었다. 책마을을 구경하기 위해 매년 수십만 명의 관광객이 이곳을 찾는다. 불과 1,300여 명의 주민만 사는 작은 마을에 한 해 관광객만 50만 명 이상이며, 한 해 거래되는 책도 100만 부가 넘는다. 방대한 도서들을 찬찬히 구경하려면 몇 날 며칠을 이곳에 머물러야 하므로 그들을 위한 숙박업소와 식당, 술집이 생겨났고 주민들도 하나둘씩 헌책방이나 오래된 물건을 수집해서 판매하는 골동품가게, 자기가 만든 수공예품을 판매하는 가게 등을 열었다. 그 결과 이 작은 마을은 헌책을 중심으로 빠르게 발전해나갔다. 이렇게 헤이온와이 주민 전체가 헌책방을 중심으로 생활을 영위하게 된 것이다.

헤이온와이에는 오랜 역사를 느낄 수 있는 옛 성채가 남아 있는데 그 고성의 낡은 성벽을 따라 헌책방 40여 개가 자연스럽게 늘어서 있다. 리처드 부스의 서점에만 75만 권의 책이 있을 정도로 헤이온와이는 세계에서 헌책을 가장 많이 보유하고 있는 곳이다. 고전문학, 아동서적, 예술서적, 스포츠도서, 추리소설 등 한 분야만 전문적으로 취급하는 서점부터 다양한 분야의 책을 함께 파는 종합 서점까지 여러 형태의 서점이 있다. 면적이 600m^2가 훨씬 넘는 대형 서점부터 중소형 서점까지 규모도 다양하다. 사다리를 타고 올라가야 들어설 수 있는 서점, 미로와 같은 지하를 지나야 서가가 드러나는 서점, 성벽을 따라 만든 4km나 되는 야외 책장을 둔 서점, 고른 책값을 알아서 지불하는 무인 서점 등 형식도 각양각색이다. 그야말로 어린아이에서부터 노인까지 즐거운 놀이터가 될 수 있는 공간이다.

리처드 부스가 운영하는 서점에 들어서면 간판 위에 이런 말이 쓰여 있다. 'Books bought Anywhere in the World.' 직역하자면 '세상 곳곳에서 책을 샀다'다. 그래서 '온 세상의 책이 전부 여기에 있다, 또는 세상의 모든 책이 여기에 있다'라는 의미로도 받아들일 수 있다. 이곳을 방문하는 사람은 세계에서 하나밖에 없는 책을 단돈 1파운드에 살 수 있을지도 모른다는 기대에 부풀기도 한다. 헤이온와이에서 가장 높은 곳에 있는 헤이성 서점은 헌책의 성지로 1, 2층 모두 책으로 빼곡히 들어차 있는데 대략 100만 권이 넘는 헌책과 희귀본을 소장하고 있다. 책을 보수할 수 있는 제본실도 마련되어 있다. 서점 곳곳에는 의자를 비치하여 사람들이 편안히 열람하고 읽을 수 있도록 배려하고 있으며 주인들은 여느 전문가 못지않게 책의 내용은 물론 관련 분야에 대한 상세한 지식까지 갖추고 있다. 마음에 드는 서적을 지급하고 싶은 만큼만 지불하고 마음대로 가져가는 무인 서점도 여러 군데인데 이를 통해 헌책이 버려지기보다 누군가에게 한 번이라도 더 읽히길 바라는 운영자의 철학을 엿볼 수 있다.

사실 영국에 헌책방마을이 생긴 것은 당연하다고도 할 수 있다. 영국은 독서가 일상화된 곳으로 영국의 독서율이 높다는 것은 주지의 사실이다. 2013년 문화체육관광부가 국민 독서 실태를 조사한 결과에 따르면 한국의 독서 인구는 73%, 도서관 이용률은 32%인데 비해 영국의 독서율은 80%, 도서관 이용률은 47%에 달한다.[95]

책 읽기를 좋아하지만 책값이 워낙 비싸므로 새 책을 선뜻 구입할 엄두가 나지 않는 영국인들에게 헤이온와이의 헌책방은 구세주 같은 존재라고 할 수 있을 것이다.

---

95) 한국출판연구소, 『2013 독서실태 조사』, 문화체육관광부, 2013.

헤이온와이는 런던 시내에서 자동차로 5시간 거리며 철도역, 버스역도 없는 교통이 매우 불편한 지역이지만 영국 국립공원 입구에 위치해 있다는 장점이 있다. 와이 강과 계곡 주변이 국립공원으로 지정되어 있는데 강을 끼고 트래킹이나 카누, 야영 등을 즐길 수 있다. 자연경관이 수려하여 휴가를 즐기기에 아주 좋은 장소다. 영국은 일찍부터 사회적으로 책 읽는 문화가 자리 잡고 있어서 대부분 한두 권의 책을 가지고 여름휴가를 떠나는 것이 일반적인데 그럴 때 이곳 헤이온와이는 잠깐 들려 책을 사기에 적격인 장소다.

헤이온와이에서는 책 축제도 열린다. 매년 5월 마지막 주 열흘 동안 '헤이 축제(Hay Festival)'를 하는데 이때 전 세계에서 수많은 관광객이 찾아와 각종 문화행사, 국제교류 등을 한다. 작가, 시인, 역사가, 환경운동가, 정치인들이 함께 모여 강연, 전시, 시 낭독, 작가와의 만남 등 200여 개의 행사를 즐길 수 있다. 가족들을 위한 프로그램, 아이들을 위한 프로그램도 있어 전 연령층을 포괄하는 축제라 할 수 있다. 1988년 시작된 이 축제는 해를 거듭할수록 더욱 관심을 받으며 발전해나가고 있다. 책을 아끼고 사랑하는 전 세계 사람들이 모여 책이라는 공통분모를 가지고 각자의 방식대로 축제를 즐긴다.

그럼 생동공간 사례로서 분석한 헤이온와이 책마을을 비산업적 도시재생 분석 틀에 적용하여 정리해보자.

헤이온와이 책마을이 문화적 도시재생에 성공한 원인은 다양한 요인이 있지만 무엇보다도 예술 및 문화발전에 강력한 구심점이 된 리더(리처드 부스)의 역할을 꼽는다. 도시재생의 핵심에는 인간, 그중에서도 인간의 삶의 질이 존재한다. 리처드 부스는 고향 사람들이 일자리를 찾아 낯선 타지로 떠나지 않고 태어나고 자란 익숙한 공간에서 풍요롭게 살아갈 수 있기를 바라며 1,300여 명 주민들과 함께 헌책이라는 문화 요

〈사진 1〉 헤이온와이 캐슬에서 내려다본 헤이온와이 책마을

〈사진 2〉 헤이온와이 책마을의 서점

소를 매개로 지역적 차별성을 갖춘 마을을 만드는 데 평생을 바쳤다. 그 결과 헤이온와이는 세계에서 유례를 찾아볼 수 없는 독특한 '책마을'이라는 차별화된 지역문화를 형성하였고 이를 통해 관광 증대와 지역 발전이라는 큰 효과를 얻고 있다. 헤이온와이는 자연 환경을 보전하면서 지역 특성을 활용해 쾌적한 마을 환경을 만들어 자족경제기반을 구축하고 지역 고유의 정체성까지 확보하였다.

헤이온와이는 책을 매개로 마을재생에 성공한 대표적인 사례다. 헤이온와이 사람들은 산업화를 넘어서 비산업적인 문화콘텐츠를 적극 포옹하고 이를 열정과 공동체 의식으로 승화시켰다. 이처럼 헤이온와이는 지역문화가 갖는 전통 위에 인간 중심, 인간의 삶의 질 향상에 중점을 두어 비산업적인 가치를 창조해내 지속 가능한 마을 만들기를 해냈다.

자발적 소통의 공간 이마리 시민도서관

일본의 이마리시(伊万里市)는 규슈 서북부에 위치한 인구 57,000여 명의 전원도시로, 예로부터 아리타야키 도자기로 유명한 고장이다. 이 도시의 중앙에 시민이 함께 만든 이마리 시민도서관이 있다.

이마리 시민도서관은 1995년 7월 7일에 건립되어 약 20여 년의 역사를 지니고 있다. 도서관 내부에 들어서면 조용한 음악이 흐른다. 현재는 음악이 흐르는 도서관이 일본에도 여러 곳 생겨났지만, 개관 초기에는 공공도서관으로서는 흔치 않았다고 한다. 또한 개방감이 있으며 서가가 낮아서 책을 보기 편하다. 일본 전통양식 형태의 서재처럼 되어 있는 책상이나 중고생이 그룹으로 사용할 수 있는 책상 등 방문객들이 각자 취향에 맞는 장소를 골라 책을 읽을 수 있게 하였다. 그래서 하루 종일 도서

〈사진 3〉 리처드 부스 서점 내부 모습

〈사진 4〉 리처드 부스 서점 2층 내부 모습

〈표 12〉 헤이온와이 책마을 분석

<table>
<tr><th colspan="5">헤이온와이 책마을 개요</th></tr>
<tr><td>지각</td><td colspan="4">- 인구 1,300명의 작은 마을
- 브레콘 비콘스 국립공원 근접(잉글랜드와 웨일즈 접경 지역)
- 고성, 교회, 광장 등 오랜 장소성이 특징</td></tr>
<tr><td>개념</td><td colspan="4">연간 50만 명의 관광객과 100만 권의 헌책이 판매되는 세계 최초의 헌책방 마을</td></tr>
<tr><th colspan="5">분석 틀 적용</th></tr>
<tr><th></th><th colspan="3">분석 지표</th><th>헤이온와이 책마을 특징</th></tr>
<tr><td rowspan="11">적용</td><td rowspan="7">내적</td><td rowspan="3">생동공간</td><td>문화와 예술이 토대다</td><td>책과 문화
(문학, 영화, 갤러리, 예술공연)</td></tr>
<tr><td>지역의 아이덴티티가 존재한다</td><td>세계 최초의 헌책방마을</td></tr>
<tr><td>다양한 커뮤니티가 존재한다</td><td>전시, 강연, 토론회, 공연 등을 개최</td></tr>
<tr><td>제3의 공간</td><td>(개인적) 문화 향유를 할 수 있다</td><td>서점, 갤러리, 거리, 축제 등</td></tr>
<tr><td rowspan="3">내적 관용 (=다양성)</td><td>접근성이 용이하다</td><td>접근성 불편</td></tr>
<tr><td>인구(외국인 수) 계층이 다양하다</td><td></td></tr>
<tr><td>지역민의 태도</td><td>초기는 리처드 부스가 주도, 점차 상인과 주민들의 참여로 확대</td></tr>
<tr><td rowspan="4">외적</td><td rowspan="3">생동공간</td><td>자생적(자연발생적)으로 생겨났다</td><td>초기는 리처드 부스가 주도, 점차 상인과 주민들의 참여로 확대</td></tr>
<tr><td>거리문화가 있다</td><td>오픈마켓, 헌책벼룩시장, 헤이 축제</td></tr>
<tr><td>지역(마을) 내 가까이에 존재한다.</td><td>마을 전체</td></tr>
<tr><td>제3의 공간</td><td>(상호적) 문화를 서로 공유하는 커뮤니티, 프로그램이 있다</td><td>전시, 강연, 토론회, 공연 등을 개최</td></tr>
</table>

분석 지표				헤이온와이 책마을 특징
적용	외적	외적 기술 (=환경)	창조적 공간이 있다	서점, 갤러리, 골동품가게
			창조적 활동을 촉진하는 환경(사회적 제도)이 있다	- 입주자에게 자금 지원과 세제 혜택 - 공공기관, 기업의 후원 확대
			전체 공공 지출 중 예술 및 문화 부문 지출 비중	
			자발적 참여를 촉진하는 환경에 대한 평가	
	주체	생동 공간	지역 주민의 자발적인 참여가 있다	리처드 부스와 주민 주도
		제3의 공간	(대중적) 문화의 생산자와 소비자가 함께 모여 전달하고 나눈다: 자발적 공유와 소통	1988년 축제 시작, 관광코스 개발
		주체 (=인재)	창조계급 종사자가 있다	마을 대부분이 창조적 인재
			문화예술 및 지역 발전을 위해 강력한 옹호자가 될 수 있는 공동체 리더가 있다	리처드 부스는 평생을 바쳐 책마을 만들기에 헌신

관에 머물며 편하게 책을 볼 수 있으며 책장 사이사이에도 좌석을 두어 책을 골라 바로 편하게 책을 읽을 수 있도록 했다. 또 마치 개인 서재에 있는 것과 같은 조명등을 설치해 아늑한 분위기를 연출하고 있다.

아동서가 놓여 있는 구역 안쪽에는 '노보리가마(산비탈에 설치한 도자기 굽는 가마)'라고 불리는 방이 있다. 이곳에서는 동화 구연 등이 열리는데, 조명을 어둡게 하면 천장에 은하수와 별자리가 나타나게 되어 있어 아이들에게는 안성맞춤인 공간이다. 입구 근처에는 텔레비전이 설치되어 있고 장기나 바둑을 둘 수 있는 공간도 마련해놓아 은퇴한 남성들의 쉼터로도 사용된다. 눈이 불편한 사람에게 책을 읽어주는 '낭독코너'에는 갓난아이를 데려와도 편안하게 머무를 수 있는 공간도 마련되어 있다. 추위를 많이 타는 사람이 사용할 수 있도록 담요도 구비해놓을 정도로 곳곳에 사용자를 위한 배려가 돋보인다.

이 모두가 시민들의 의견을 반영하여 설치된 것들이다. 도서관을 설계한 데라다 요시로(寺田芳朗)는 끊임없이 시민들의 의견을 설계도에 반영하여 사용하기 편리한 서가뿐만 아니라 시민들이 이용하기 편한 공간을 여러 곳에 설치함으로써 기존에 없었던 '체재형 도서관'을 완성했다.[96]

가. 어린이들에게는 생명을 소중하게 여기는 그림책을

나. 성장기 어린이들에게는 마음의 양식이 되는 책을

다. 배우는 젊은이들에게는 지적 욕구를 만족시키는 책을

라. 사회인에게는 생활이나 일에 도움이 되는 책을

마. 고령층에게는 풍요로운 인생을 되돌아볼 수 있는 책을

이마리 시민도서관은 이런 목표 아래 실제로 도서관 곳곳에 지역 주민들의 요구를 최대한 만족시키기 위한 배려를 장치해 두었다.

그러므로 이마리 시민도서관을 시찰하기 위해 도서관 관계자들의 발길이 끊이지 않는데 멀리서도 찾아오는 가장 큰 이유는 지역 주민과 협력해서 시민이 만들어 나가는 도서관으로 높게 평가받고 있기 때문이다. 이 도서관은 직원 18명(정규직 공무원 6명, 위탁직원 8명, 임시직원 4명, 4~6시간 파트타임 2명)과 봉사활동단체들의 협력으로 운영된다.[97] 도서관 건립 당시 내건 슬로건 역시 '이마리를 만든 시민과 함께 성장하는 시민의 도서

---

96) 「伊万里市民図書館､開館20周年」, 『佐賀新聞』. (검색일자 2014. 7. 14.)

97) 末次健太郎, 「伊万里をつくり市民とともに育つ市民の図書館」, 第35回 佐賀自治研究集会, 2014.

관'[98] 이었다. 슬로건대로 도서관은 설립 때부터 현재에 이르기까지 시민들의 적극적인 참여로 변화·성장하고 있는 것이다.

도서관은 설계 단계서부터 시민의 의견을 적극적으로 반영했다. 시민들은 도서관이 생기기 훨씬 이전부터 '도서관 만들기 추진 모임'이라는 명칭으로 1986년부터 9년 동안 새로운 도서관을 만들기 위한 시민운동을 펼쳐왔다. 이마리 시민도서관이 생기기 전에도 도서관은 있었지만 매우 협소했다. 그래서 자녀를 둔 부모들이 조금이라도 나은 환경에서 아이들을 키우고 싶다는 뜻을 모아 모임을 만들었던 것이다. 회원들은 규슈 각지의 도서관들을 돌아다니면서 시찰하고, 전문가를 초빙하여 도서관에서 어떠한 서비스를 제공하여야 하는지 등에 대해 강의를 들으며 도서관을 효과적으로 활용하기 위한 방법 등을 학습하였다. 이마리 시민도서관을 새로 건설하게 된 요인은 여러 가지가 있겠지만, 이 시민운동도 하나의 요인이 되었다고 한다.[99]

도서관 측은 시민과 협력해 도서관 건설을 진행하기 위해 여러 가지 프로그램을 준비했다. '도서관 만들기 이마리 모임'이라는 것을 만들어 총 8회에 걸쳐 도서관 만들기에 필요한 내용을 가지고 학습하기도 하였다. 또 건설 계획을 놓고 행정단체, 시민, 건설업체가 함께 의견을 교환했다. 도서관을 사용할 주체인 시민들이 건설 단계에서부터 참여한 것이다. 이와 같은 과정을 통해 탄생한 도서관을 시민들은 '우리들의 도서관'으로 지키고 키워나가고 있다.

시민들이 이마리 시민도서관에 무한한 애정을 쏟으며 함께 만들어 나가는 도서관이라는 생각을 하고 있다는 사실을 잘 보여주는 것이 바로 도서관 준공식 이래 오늘날까지 이어지고 있는 '도서관 생일 행사'

98) 「이마리 시민도서관 개요」, 이마리 시민도서관, 2014.
99) 「市民参加での図書館づくり」, 日本文部科學省. (검색일자 2015. 9. 15.)

다. 1993년 2월 26일은 이마리 시민도서관의 준공식을 거행한 날인데 준공식이 끝나고 시민 봉사자 200여 명이 모여 만들어온 음식을 나눠 먹으며 도서관이 무사히 완공되고 발전되기를 기원했다고 한다. 당시 시장이 이 모습을 보고 감동하여 "오늘을 도서관 생일로 정합시다"라고 제안하여 2월 26일이 도서관 생일로 정해지게 되었다고 한다. 매년 이날이 되면 시민들은 음식을 만들어 도서관을 찾는 사람들에게 대접하는 행사를 한다. 시장을 비롯하여 시의 간부 직원들과 위원회 관계자들은 시민들과 함께 생일을 축하하며 "이마리 시민이 도서관을 가지게 되었을 당시의 벅찬 감동을 언제까지나 잊지 않도록 하자"며 도서관 생일을 정한 취지를 되새기며 자축한다.

도서관에 들어서자마자 보이는 곳에 봉사단체가 업무를 보는 공간이 마련되어 있는데 이마리 시민도서관을 지원하고 버팀목이 되어주는 단체 '도서관 친구 이마리'가 사용하는 공간이다. 이 봉사단체는 1986년부터 9년 동안 새로운 도서관을 만들기 위한 시민운동을 펼쳐온 '도서관 만들기 추진 모임'이 도서관이 개관된 1995년 9월 '도서관 친구 이마리'로 새롭게 이름을 바꿔 발족한 것이다. 지역 주민 약 400명으로 구성된 이 단체는 현재 5개의 위원회를 결성하여 활동하고 있다.[100] 이야기 낭독회, 이마리시 관련 작품 제작, 잔디 손질, 생화 전시, 가정 청소, 합창단 활동 등이 바로 그것인데 각각의 필요에 따라 독자적 활동을 전개해 나가고 있다.

'도서관 친구 이마리' 외에도 총 12개 단체가 도서관에서 활동하고 있으며, 시의 보조금을 일체 받지 않고 회비와 기증받은 헌책을 판매하여 독자적으로 운영하고 있다. 이들은 다양한 이벤트를 기획하고 도서

---

100) 末次健太郎,「伊万里をつくり市民とともに育つ市民の図書館」, 第35回　佐賀自治研究集会, 2014.

관 활동에 끊임없이 제안하며 도서관의 크고 작은 일에 적극적으로 나서 봉사활동을 펼치고 있다.[101]

봉사단체가 하는 구체적인 내용은 다음과 같다.

가 도서관 지원 및 협력, 제안

나. 도서관 봉사 활동 지원

다. 홍보, PR 활동, 미화활동

라. 강연회 등 기획

마. 다른 도서관의 봉사활동 모임과 연계

바. 기타

도서관 직원은 시민과 협동 관계를 유지하며 업무를 처리할 뿐만 아니라 공공도서관으로서의 권위를 내세우기보다는 시민과 함께하는 다양한 활동을 기획해 지역 주민이 찾아오는 문화공간으로서의 도서관을 만들고 있다.

이마리시가 시민들과 함께 역점을 두고 추진하고 있는 것은 크게 '어린이 독서활동 추진'과 '지역 교육'이다. 독서 모임을 통해 소외 당하지 않는 도시를 선언하고 아이들의 독서 활동 등 다양한 주민 참여 행사를 추진하며 여러 교육 활동을 펼치고 있다.

제3의 공간으로서 분석한 이마리 시민도서관을 비산업적 도시재생 분석 틀에 적용하여 정리해보았다.

지역 커뮤니티(지역공동체)와의 연계를 통한 문화적 도시재생은 발전 지속성을 갖는다. 이마리시 시민도서관은 '도서관 만들기 추진 활동 모임'이라는 시민들의 자발적 활동을 통해 설립된 도서관으로 설계 단계

101) 「伊万里市民図書館、開館20周年」, 『佐賀新聞』. (검색일자 2014. 7. 14.)

〈표 13〉 이마리 시민도서관 활동

구분	활동	내용
어린이 독서활동	북스타트	- 유아기 때부터 도서 읽기 지원(생후 3개월 건강검진 때 도서 2권 증정)하여 평생 책 읽는 습관 장려
	자동차 도서관 (2대)	- 어린이집, 유치원, 학교를 순회하며 도서 대출 - 사서가 동행해 그림책이나 종이인형연극 등을 하며 책 읽어주기
	가정에서 책 읽기 운동	- 독서 활동을 통한 바른 인성 양성으로 따돌림 없는 안전한 교육 환경 조성 - 제3 일요일을 가정의 날로 정해 가정 내 도서 읽기를 통해 서로 소통하는 문화 만들기
지역 교육	주민의 지적 욕구에 부응하는 도서관	- 사서의 자질을 높여 자료조사와 검색, 안내를 전문화하고 상담을 통해 직장인의 비즈니스를 지원하고 과제를 해결할 수 있도록 노력 - 도서관이 생활과 업무에 도움이 됨
	사람을 만들고, 마을을 만드는 도서관	- 모든 사람의 성장(자립 자율)과 성숙, 자기실현을 지원하는 도서관 - 책을 통해 사람의 성장을 지원하는 것이 도서관의 사명 - 매달 40개 이상의 테마를 전시하여 최근 이슈 정보를 제공하고 시정 현황을 시민들에게 알림 - 이마리 고장 배우기: 고향의 역사를 배우고 앞서 살다간 사람들의 지혜에서 새로운 가치 발견

부터 시민들의 의견이 적극적으로 반영되어 시민들이 원하는 형태의 '체재형' 도서관이 탄생하였다. 또한 주목할 점은 도서관 건립 전의 모임이 도서관 건립 후 명칭을 바꿔 활동을 이어나가고 있다는 것이다. 이 봉사단체 '도서관 친구 이마리'와 12개 단체가 도서관 직원들과 협력 관계를 유지하며 이마리 시민도서관의 발전을 이끌고 있다.

이마리 시민도서관은 지역공동체와 협력하여 지역의 생동감이 넘치며 진정성 있는 문화 창출을 통해 시민들의 가치관 형성에 끊임없이

〈표 14〉 이마리 시민도서관 분석

<table>
<tr><th colspan="5">이마리 시민도서관 개요</th></tr>
<tr><td>지각</td><td colspan="4">부지면적 7,692m², 건물면적 4,374m²의 4층 건물[102](1995년 7월 7일 개관)로 사가현 이마리시 중앙에 위치(伊万里市立花町4110番地1)</td></tr>
<tr><td>개념</td><td colspan="4">이마리를 만들고 시민과 함께 성장하는 시민의 도서관</td></tr>
<tr><th colspan="5">분석 틀 적용</th></tr>
<tr><th></th><th colspan="3">분석 지표</th><th>이마리 시민도서관 특징</th></tr>
<tr><td rowspan="11">적용</td><td rowspan="8">내적</td><td rowspan="3">생동 공간</td><td>문화와 예술이 토대다</td><td>책을 중심으로 전시, 강연, 상영 등이 이루어지는 복합문화공간</td></tr>
<tr><td>지역의 아이덴티티가 존재한다</td><td>시민과 협동하여 함께 만들어 나가는 도서관</td></tr>
<tr><td>다양한 커뮤니티가 존재한다</td><td>- ‘도서관 만들기 추진 모임’ 활동
- 회원 수 약 400명의 봉사단체가 활동</td></tr>
<tr><td>제3의 공간</td><td>(개인적) 문화 향유를 할 수 있다</td><td>책을 중심으로 전시, 강연, 상영 등이 이루어지는 복합문화공간</td></tr>
<tr><td rowspan="3">내적 관용 (=다양성)</td><td>접근성이 용이하다</td><td>- 이마리시 중앙에 위치
- 이마리역에서 도보로 10분 거리</td></tr>
<tr><td>인구(외국인 수) 계층이 다양하다</td><td></td></tr>
<tr><td>지역민의 태도</td><td>- 도서관 만들기 추진 활동(9년 간)
- 매년 도서관 준공일(7월 7일)에 칠석제를 개최
- 회원 수 400명의 봉사단체
- 시민주체 집회 활동 517회(9,191명)</td></tr>
<tr><td rowspan="3">외적</td><td rowspan="3">생동 공간</td><td>자생적(자연발생적)으로 생겨났다</td><td>도서관 만들기 추진 활동(9년간)</td></tr>
<tr><td>기리문화가 있다</td><td></td></tr>
<tr><td>지역(마을) 내 가까이에 존재한다</td><td>- 이마리시 중앙에 위치
- 이마리역에서 도보로 10분 거리</td></tr>
</table>

<table>
<tr><th colspan="4">분석 지표</th><th>이마리 시민도서관 특징</th></tr>
<tr><td rowspan="7">적용</td><td rowspan="5">외적</td><td>제3의 공간</td><td>(상호적) 문화를 서로 공유하는 커뮤니티, 프로그램이 있다</td><td>- 도서관 주최 집회 활동 147회(3,709명)
- 토요일 좌담회 46회(1,265명)
- 어린이 상영회 11회(115명)
- 명화 상영회 8회(123명)
- 출강 강좌 3회(49명)
- 기획 전시 30회(263일)
- 이동도서관 구연동화 446회</td></tr>
<tr><td rowspan="4">외적 기술 (=환경)</td><td>창조적 공간이 있다</td><td>- 연령별로 특화된 서가
- 자습실, 향토 자료실, 시청각 자료실
- 시민문화 활동공간(소회의실, 특별전시실, 전시홀, 카페 등)</td></tr>
<tr><td>창조적 활동을 촉진하는 환경(사회적 제도)이 있다</td><td></td></tr>
<tr><td>전체 공공 지출 중 예술 및 문화 부문 지출 비중</td><td></td></tr>
<tr><td>자발적 참여를 촉진하는 환경에 대한 평가</td><td></td></tr>
<tr><td rowspan="2">주체</td><td>생동 공간</td><td>지역 주민의 자발적인 참여가 있다</td><td>- 도서관 만들기 추진 활동(9년간)
- 매년 도서관 준공일(7월 7일)에 칠석제를 개최
- 회원 수 400명의 봉사단체
- 시민 주체 집회 활동 517회(9,191명)</td></tr>
<tr><td>제3의 공간</td><td>(대중적) 문화의 생산자와 소비자가 함께 모여 전달하고 나눈다: 자발적 공유와 소통</td><td>- 도서관 회원 수 37,776명(65.83%)
- 연간 대출 권수 515,161권
- 도서관 주최 집회 활동 147회(3,709명)
- 토요일 좌담회 46회(1,265명)
- 어린이 상영회 11회(115명)
- 명화 상영회 8회(123명)
- 출강 강좌 3회(49명)
- 기획 전시 30회(263일)
- 초등학교, 보육원 내원 57회(1,211명)
- 이동도서관 구연동화 446회
- 도서관 시찰 315명</td></tr>
</table>

		분석 지표	이마리 시민도서관 특징
주체	주체 (=인재)	창조계급 종사자가 있다	
		문화예술 및 지역의 발전을 위해 강력한 옹호자가 될 수 있는 공동체 리더가 있다	약 400명으로 구성된 봉사단체

영향을 끼치고 있다. 또한 독서 활동을 통해 어린이들의 바른 인성을 키워 건전한 인격으로 성장할 수 있도록 돕고 있으며, 직장인들에게는 사회생활에 필요한 정보와 자료를 적극 지원하여 안정적인 삶의 기반이 되는 경제활동을 돕는다. 도서관을 주축으로 개개인의 성장(자립 자율)과 성숙, 자기실현을 이끌어 결과적으로는 이마리시가 소외, 따돌림 없는 건강한 도시로 발전해나갈 수 있도록 '사람을 만들고, 마을을 만드는' 역할을 담당하고 있는 것이다.

도시재생에 있어서 오늘날 정부와 시장, 민간(개인, 시민사회단체, 기업 등)이 수평적 관계인 거버넌스형 마을 만들기가 중요시되고 있는데 일본의 이마리 시민도서관은 도서관이라는 공간을 주축으로 주민과 협동하여 민관이 함께 노력하여 지속적인 발전 가능한 생동공간, '제3의 공간'이 된 좋은 사례다.

대중적 문화 향유의 공간 츠타야 서점

츠타야(TSUTAYA, 蔦屋)는 서적 판매뿐 아니라, 음반, DVD, 게임물 등을 대여하는 곳으로 일본 전역에 직영점 100여 개, 대리점 1,300여 개의 체인점을 운영하고 있다. 츠타야의 연간 DVD 판매·대여 건수는 7억5천만 장(영화관에 가서 관람한 수의 다섯 배)이다. 또한 음원 다운로드 건수는 전 세계 아이튠즈의 다운로드 수인 8억의 약 세 배인 21억4천 곡이다.

이 판매·대여 체인 브랜드에 주목하는 이유는 츠타야가 그저 물건만 파는 상업적인 공간이 아니라 '새로운 라이프스타일과 정보를 제공하는 공간'으로 만들겠다는 비전을 갖고 시작되었기 때문이다. 이곳에서 판매 또는 대여되는 대상인 도서, 음반, DVD 등은 모두 개인의 '라이프스타일'이 담겨 있다는 공통점이 있다. 이들을 한곳에 모아놓음으로써 라이프스타일이라는 무형의 이미지를 실제 현실에서 고를 수 있게 만든 것이다.

츠타야를 운영하는 회사는 CCC(Culture Convenience Club)로 사장은 마스다 무네아키(増田宗昭)다. 그가 츠타야라는 공간을 통해 이루고자 한 것이 무엇인지는 브랜드명 탄생 스토리를 보면 더욱 분명해진다.

츠타야는 에도시대 출판사면서 소매점인 경서당(耕書堂)을 경영한 츠타야쥬자부로(蔦屋重三郎)에서 유래되었다.[103] 츠타야쥬자부로는 주로 오락적인 그림, 가부키 그림책, 우키요에(浮世絵),[104] 오락책 등 비교적 가벼운 책을 취급하였다. 특히 우키요에 화가와 작가 등 당대 예술인의 재능을 알아보고 후견하여 그들의 재능을 계발시킨 사람으로 유명하다. 문학과 그림이 일체화된 장르인 교카에혼(狂歌絵本)[105] 을 기획하는 등 그는 지금으로 말하자면 프로듀서 같은 역할을 담당하며 서점을 중심으로 평생 수많은 우키요에 화가와 통속 작가를 발굴하고 양성하였다. 또 관련 작품을 출판하여 일본 중후반기의 문학사, 예술사에 큰 발자취를 남겼다. 츠타야는 이러한 정신을 계승해 문화 전도사 역할을 해나가고

---

102) 「이마리 시민도서관 개요」, 이마리 시민도서관, 2014.

103) 菅付雅信, 『はじめての編集』, アルテスパブリッシング, 2012, 17쪽.

104) 17세기에서 20세기 초 에도시대에 성립된, 당대 사람들의 일상생활이나 풍경, 풍물 등을 그려낸 풍속화 형태를 말한다. 현재는 일반적으로 '우키요에'라고 하면 여러 가지 색상으로 찍힌 목판화인 니시키에(錦絵)를 말하는 경우가 많으나 육필화 등도 이 범주에 들어간다.

105) 18세기 후반에 유행한 에도 문학의 한 장르인 화려한 그림이 들어간 통속적인 시화집.

자 지어진 브랜드명이라 여겨진다.

츠타야가 1983년 첫 점포를 열 때만 해도 책과 음반, 비디오를 함께 대여·판매하는 비즈니스 모델은 존재하지 않았다. 마스다 사장은 책과 음반, 비디오를 하나의 문화콘텐츠로 보고 이들을 한곳에 모아 판매·대여하기 시작했다. 그는 '새로운 라이프스타일과 정보를 제공하는 거점'을 만들고자 한 것이다. 결국 흩어져 있던 문화콘텐츠들을 한곳에 모은 플랫폼으로 일본 최대의 프랜차이즈 비즈니스를 키워냈다. 마스다 사장은 보이지 않는 무형의 가치를 가슴에 품고 일본 전역에 문화콘텐츠를 재현하는 문화공간을 늘려나갔다.

2011년 마스다 사장은 다이칸야마(代官山)에 다이칸야마 T-SITE 츠타야 서점을 열었다. 단순한 책방이 아니라 '잉여로운 시간을 창출하는 곳'이란 표현에 부합되도록 애견미용실, 애완용품매장, 완구점, 자전거점포, 카메라전문점, 여행사까지 12개의 흥미로운 공간이 오밀조밀 모여 있는 복합문화공간이라 할 수 있다. 마스다 사장은 다이칸야마점을 짓기 전에 2년 동안 다이칸야마가 어떤 공간이어야 하는지를 구상했다. 단카이세대[106] 를 겨냥한 이 아름다운 서점은 2012년 세계적인 오락 인터넷사이트 Flavorwire.com을 통해 세계에서 가장 아름다운 서점 20개 안에 들게 된다.

다이칸야마의 영업시간은 아침 7시부터 새벽 2시까지다. 무언가 기획을 해야 하는 사람이라면 늦은 시간까지 자료조사를 해야 할 것이다. 야마다 사장은 다이칸야마 서점은 창조적 생산에 영감을 주는 공간이어야 한다고 말한다. 그래서 따뜻한 햇볕과 푸른 자연공간이 있고, 책과 음악과 커피에 아트가 있는 공간에서 지적생산물이 만들어지도록 구상하였다.

106) 일본에서 제2차 세계대전 이후 1947~1949년 사이에 베이비붐으로 태어난 세대를 말한다.

이곳 2층에 구비된 라이프 잡지는 창간호부터 모두 무료로 볼 수 있다. 물론 1층의 도서 코너도 필요한 책을 무료로 볼 수 있다. 마치 하나의 도서관과 같다. 하루 방문객 수가 1만여 명이 넘는 다이칸야마의 츠타야 서점은 역설적으로 공간의 개인화를 추구한다. 이는 공간의 목적을 구매에 두는 대신 공간 자체를 즐길 수 있도록 한 발상에서 시작되었다. 음반 코너에는 1~2인용 청음 테이블을 배치해 주변 환경에 방해받지 않고 음악을 감상할 수 있게 했으며 서적 코너에서도 이 같은 개인형 공간을 쉽게 만날 수 있다. 2층에 위치한 라운지 카페에는 낮은 소파를 널찍하게 배치해 응접실처럼 편한 분위기에서 상대방과 대화를 나눌 수 있다. 또 이곳에서 소장하고 있는 과월호 잡지 3만 권은 물론 1층 서점에 구비된 서적을 가져와 읽는 것도 가능하다. 푸드 관련 코너에는 간단한 주방 도구부터 로컬 식료품까지 다양한 아이템이 푸드 서적과 나란히 제시된다.[107)]

츠타야는 일본의 다케오시(武雄市) 도서관의 위탁 경영을 맡게 되어 또 한 번 세간의 주목을 받게 된다. 2013년 4월 재개관 후 반년 만에 52만 명이 방문하여 연간 목표였던 50만 명을 넘어섰다. 대체로 도서관을 통해 지역진흥에 성공하고 있다는 점, 리뉴얼 후 이용자 수 급증이 증명하듯이 시민들의 지지를 얻고 있다는 점, 다케오시를 전국적으로 알리고 이미지를 향상시켰다는 점 등에서 긍정적인 평가를 받고 있다. 또 공공도서관이 기업의 손에 위탁 운영된 것은 처음 있는 일이기에 큰 이슈를 불러일으켰다.

츠타야가 다케오 도서관을 운영하게 된 계기는 젊고 진취적인 사고를 하는 다케오 시장 히와타시(樋渡)의 제안에 의해서였다. 히와타시 시장은 '우리는 시민이 기뻐하는 것에 만족하고, 시민 가치가 높은 일을

---

107) JOH 편집부, 『B-magazine TSUTAYA』, JOH&Company, 2015, 31쪽.

할 뿐이다'라면서 도서관에 지역 살리기라는 역할을 부여하고 실제로 전국적으로 주목받는 도서관으로 재탄생시킨 데 대한 자부심을 갖고 있다.

마스다 사장이 도서관 운영을 맡은 배경에는 일본 도서 시장의 변화도 있다. CCC의 통계 결과를 보면 일본은 연간 7억 권의 책을 서점에서 판매하고 있으며 이의 90%에 달하는 6억3천 권이 중고책으로 판매되어 모두 합쳐 연간 16억 권이 유통되고 있다고 한다. 더욱 놀랍게도 도서관에서 책을 빌리는 횟수는 신간 판매 부수를 웃도는 연간 7억 1천 권이다. 일본은 서점과 도서관을 합쳐서 연간 20억 권 이상의 책을 읽고 있는 세계 최고의 도서 대국이다. 그런데 2012년 이후로는 도서관에서 책을 읽는 권수가 신간 판매 권수를 뛰어넘고 있다고 한다. 마스다 사장은 이제 일본인에게 있어서 가장 중요한 정보 인프라는 도서관인 만큼 도서관을 더욱 재미있게 만들어야겠다는 생각을 하게 되었다고 한다.

다케오시 도서관 내부에 들어서면 다이칸야마 츠타야 서점이 연상된다. 입구 가까운 곳에 스타벅스와 잡지 진열대가 있어 다이칸야마 츠타야 서점 매장을 그대로 옮겨다 놓은 것 같다. 이는 다케오시가 도서관 리뉴얼 계획을 세우며 실시한 시민 앙케이트 결과, 늘어났으면 하는 서비스 1위가 카페, 늘려줬으면 하는 장르 1위가 잡지였기 때문이다. 실제로 리뉴얼 후 젊은 여성을 비롯한 20~30대 젊은 층의 이용이 늘었다고 한다. 또 개관시간을 앞당기고 폐관시간을 연장하면서 출퇴근길 이용자도 많아졌다. 지방 소도시의 도서관임에도 새로 개장한 후 1년 만에 연 이용자가 92만 명에 이르렀다.

그리고 마스다 사장은 2015년 5월 신흥 주택지인 후타코타마가와(二子玉川)에 새로운 형태의 서점과 가전제품 매장을 결합시킨 모델을 선

보였다. 서점 공간 안에 '라이프스타일을 파는 가전 점포'라는 목표로 다양한 라이프스타일을 제안하는 츠타야 가전을 입점시킨 것이다. 나무 목재로 내부를 마감해 전반적으로 편안한 분위기를 자아내 미국 어느 대학의 도서관에 들어온 것 같은 착각을 불러일으킨다. 2층으로 되어 있는 이 건물 1층에는 여행, 디자인, 워크스타일과 관련된 서적을 진열해 판매하고 2층은 주로 전문서적이나 잡지, 외국서적으로 꾸몄다. 높은 천장과 긴 복도의 양쪽을 가득 메워 책장을 놓고 그 중간중간 안쪽에 조명과 소파, 스툴 등을 설치했다. 넓은 공간에 편안하게 앉아 책을 읽거나 컴퓨터를 할 수 있는 테이블이 많으며 음식도 먹을 수 있다. 서점 안에는 커피뿐만 아니라 맥주를 파는 곳도 있다.

커다란 카페 안에 명품문구류, 컴퓨터와 주변기기, 그 사이사이로 이들 제품과 연계된 책들이 벽면을 장식하며 그 옆은 개인 서재와 같이 편안하게 책을 읽을 수 있는 아늑한 공간으로 꾸며져 있다. 한마디로 이곳은 가전, 도서관, 카페, 꽃집, 가구매장, 책이 어우러진 복합문화공간이다.

츠타야 가전은 30여 년 넘게 꾸준하게 지켜온 '라이프스타일을 제공하는 거점을 만든다'는 비즈니스 모델의 연장선상에서 실행된 새로운 실험이다. 우리는 정보와 상품이 넘쳐나는 시대에 살고 있다. 유일하게 우리에게 부족한 것은 시간이라 할 수 있다. 이런 의미에서 라이프스타일을 제안해주며 개별 상품을 고를 시간을 절약해주고 잠시나마 여유로움을 즐길 수 있게 해주는 것이 츠타야의 이런 실험적인 공간들이 지닌 가치가 아닐까 싶다.[108]

---

108) 박세용, 「라이프 스타일 정보를 제공하는 거점을 만든다, 츠타야 가전」, 『디지털매거진』. (검색일자 2015. 9. 15.)

〈사진 5〉 **츠타야 서점**

〈사진 6〉 **츠타야 서점 외관**

〈사진 7〉 **츠타야가덴**

〈사진 8〉 **츠타야가덴 내부**

제3의 공간으로서 분석한 츠타야 서점을 비산업적 도시재생 분석틀에 적용하여 정리해보자.

츠타야 서점의 발전과 성과를 통해 상업 공간일지라도 경영자의 마인드 여하에 따라 일정 정도의 비산업화가 가능할 수 있다는 것을 알 수 있다. 제3의 공간으로서의 츠타야 서점의 성공은 사장 마스다 무네아키의 철학에서 비롯되었다. 그는 츠타야를 흩어져 있던 문화콘텐츠를 한곳에 모은 플랫폼, 일본 전역의 문화콘텐츠를 재현하는 문화공간으로 구축하겠다는 마인드를 가지고 있다. 그는 일본 전역을 대상으로 일본인의 라이프스타일과 정보를 제안하는 거점을 마련하고자 하였으며 20여 년의 꾸준한 노력 끝에 일본 전국에 1,300여 개의 체인점을 운영하는 국민 브랜드로 자리매김하도록 만들었다.

마스다 사장은 1999년을 기점으로 무엇을 팔 것인가보다 어디서 팔 것인가에 집중하기 시작했다. 우선 1999년 일본 최대의 유동인구가 모이는 곳인 시부야에 츠타야점을 오픈하고 2009년에는 일본 최초의 카페형 서점인 롯본기(六本木) 츠타야점을 오픈해 세련된 취향을 지닌 이들을 공략하는 전략적 요충지로 삼았다. 시부야에 이은 롯본기에서의 실험은 마스다 사장에게 가능성을 시사해주었다. 그것은 바로 장소와 이를 둘러싼 지역이 앞으로 츠타야가 어떤 일을 해나가야 하는지의 단서가 될 것이라는 사실이었다. 이를 통해 2011년 단카이세대를 겨냥한 다이칸야마점을 오픈하고 사람이 오지 않는 곳이라면 기획을 통해 찾아오게 만드는 즉, 라이프스타일을 아우르는 새로운 유통 모델을 발전시켰다. 2015년에는 가전이라는 테마로 새롭게 사업을 전개하기에 이른다. 마스다 사장은 지역 기반을 문화콘텐츠로 특화해 사람 중심의 새로운 문화를 창조함으로써 일본사람들의 삶을 풍요롭게 하고 있다.

〈표 15〉 츠타야 서점 분석

<table>
<tr><th colspan="5">츠타야 서점 개요</th></tr>
<tr><td>지각</td><td colspan="4">츠타야 1,400여 개(직영점 100여 개, 1,300여 개는 프렌차이즈)</td></tr>
<tr><td>개념</td><td colspan="4">일본 대중문화의 플랫폼</td></tr>
<tr><th colspan="5">분석 틀 적용</th></tr>
<tr><th colspan="4">분석 지표</th><th>츠타야 서점 특징</th></tr>
<tr><td rowspan="13">적용</td><td rowspan="7">내적</td><td rowspan="3">생동 공간</td><td>문화와 예술이 토대다</td><td>도서, DVD, 음반, 게임물, 서점, 영화관, 카페</td></tr>
<tr><td>지역의 아이덴티티가 존재한다</td><td>일본 대중문화의 플랫폼</td></tr>
<tr><td>다양한 커뮤니티가 존재한다</td><td></td></tr>
<tr><td>제3의 공간</td><td>(개인적) 문화 향유를 할 수 있다</td><td>서점을 기반으로 한 복합문화공간
- 전국 1,300여 개 점포 운영
- 롯본기점, 다이칸야마점, 쇼난 츠타야점, 다케오 도서관 츠타야점
- 후타코타마가와 츠타야 가전</td></tr>
<tr><td rowspan="3">내적 관용 (=다양성)</td><td>접근성이 용이하다</td><td>- 국민 브랜드
(편의점만큼 점포 수가 많음)</td></tr>
<tr><td>인구(외국인 수) 계층이 다양하다</td><td></td></tr>
<tr><td>지역민의 태도</td><td></td></tr>
<tr><td rowspan="4">외적</td><td rowspan="3">생동 공간</td><td>자생적(자연발생적)으로 생겨났다</td><td>마스다 무네아키</td></tr>
<tr><td>거리문화가 있다</td><td></td></tr>
<tr><td>지역(마을) 내 가까이에 존재한다</td><td>- 국민 브랜드
(편의점만큼 점포 수가 많음)</td></tr>
<tr><td>제3의 공간</td><td>(상호적) 문화를 서로 공유하는 커뮤니티, 프로그램이 있다</td><td></td></tr>
</table>

		분석 지표		츠타야 서점 특징
적용	외적	외적 기술 (=환경)	창조적 공간이 있다	
			창조적 활동을 촉진하는 환경 (사회적 제도)이 있다	
			전체 공공 지출 중 예술 및 문화 부문 지출 비중	
			자발적 참여를 촉진하는 환경에 대한 평가	
	주체	생동 공간	지역 주민의 자발적인 참여가 있다	
		제3의 공간	(대중적) 문화의 생산자와 소비자가 함께 모여 전달하고 나눈다: 자발적 공유와 소통	
		주체 (=인재)	창조계급 종사자가 있다	해박한 지식의 전문 인력 (코너마다 1~3명씩 총 30여 명)
			문화예술 및 지역의 발전을 위해 강력한 옹호자가 될 수 있는 공동체 리더가 있다	

2. 국내 책문화공간

자발적 지역공동체 인천 배다리역사마을[109)]

예전에 바닷물이 들어오던 갯골이 있어 '배와 배를 연결해 다리를 만들어 건너다녔다', '배가 드나드는 다리가 있었다' 등등의 연유로 이름 붙여진 배다리역사마을. 인천 동구의 금곡동, 창영동, 수도국산, 동인천역, 중구의 도원역까지를 아우르는 개념이다.[110)] 인천 역사문화의 모태라고 말할 정도로 개항 이후 근대 종교와 교육, 산업, 노동, 교통, 상업의 시발지였고, 한국전쟁 이후에는 헌책방 거리로 유명했으나 도시 확장에 따라 지역적 특색이 무뎌지고 사람들의 관심 밖으로 밀려나 생기 없는 마을이 되었다. 이 마을이 다시 주목을 받게 된 이유는 마을 중간을 관통하는 산업도로 공사를 주민들과 시민문화단체 및 활동가들의 힘으로 막아내고 현재는 문화와 예술의 옷을 입혀 과거와 현재가 공존하는 인천의 역사와 추억이 서린 정감 있는 장소로 재창조해나가고 있기 때문이다.

2009년, 배다리역사마을에 마을 중간을 관통하는 산업도로 공사 계획이 세워진다. 폭 50m, 10차선으로 계획된 이 도로는 '지역 간 균형 발전'을 모토로 내세웠지만 실제로는 이곳 주민들에게 아무런 도움도 되지 않는 사업이었다. 인천시가 국책사업으로 벌이고 있는 경제자유구역의 성공적 조성의 일환으로 송도와 청라지구, 나아가서는 개성공단으

109) 저자의 현지답사 및 민운기 강연 등을 참고로 엮어냈다. 민운기, 「지속 가능한 도시와 문화-지속 가능한 마을을 꿈꾸는 배다리사람들」, 인천컴팩트스마트시티, 2013. 9. 13.
110) 정진오, 「살아 숨쉬는 인천 배다리」, 인천문화재단, 2010, 84쪽.

로 이어지는 남·북간의 물류 흐름을 신속하게 하기 위해 단지 이곳을 지나갈 뿐이었다. 따라서 공사가 그대로 진행될 경우 배다리 일대가 지닌 역사와 문화는 물론 주민들 간에 살아 있는 생활생태계가 파괴됨은 불을 보듯 명백한 일이었다. 또 주민들에게 소음과 공해를 안겨줌은 물론 보행권에 심각한 지장을 초래할 것으로 우려되었다.

결국 배다리 주민들이 주축이 되어 결성한 중·동구 관통 산업도로 무효화를 위한 주민 대책위원회(이하 주민 대책위)와 인천 지역 시민문화예술 단체와 활동가들이 모여 조직한 '배다리를 지키는 인천시민모임'(이하 시민모임)이 중심이 되어 상호역할 분담과 공조를 통해 다양한 활동을 벌여나갔다. 도로 관통이 초래할 여러 가지 피해 사항들을 공유하면서 공사 중단과 무효화를 요구하는 성명서 발표와 기자회견, 그리고 항의 집회를 개최하였고, 공사 자체의 문제점과 부당성, 더불어 배다리만이 지닌 역사 문화적 가치를 대·내외에 알리는 작업, 이를테면 지역 언론매체에 칼럼을 싣는 것이나 소식지 발간, 포럼 및 초청강연 등을 마련하였다. 배다리 사태를 듣고 하나둘 모여들기 시작한 활동가들의 주도로 매달 한 번씩 문화행사를 개최하기도 하였다.[111]

그러던 와중 또 하나의 강력한 쓰나미가 몰려왔다. 다름 아닌 갈라진 배다리역사마을 한쪽을 포함하는 '동인천 주변 재정비촉진사업'(이하 재정비촉진사업)이었다. 이 사업은 2007년 5월에 지구 지정을 한 후에 같은 해 주민설문조사, 2008년 개발계획 수립, 2009년 초 주민 설명회 등의 행정절차를 차곡차곡 밟아오고 있었다. 이 계획이 구체화되어 배다리 역사마을의 역사적 공간들이 사라진다면 산업도로를 애써 막은 보람이 없어질 것이기 때문에 시민모임 차원에서는 두 가지 사안에 같이 맞

111) 민운기, 「배다리역사문화마을 만들기 과정과 활동개요」, 한국문화예술교육 진흥연구원, 2015, 353쪽.

서 싸울 수밖에 없었다.

그러나 재정비촉진사업은 산업도로 싸움처럼 공사 반대와 마을을 지키자는 주장만으로는 명분이 부족하다는 판단으로 한발 더 나아가 그동안 논의를 진전시켜 온 공사를 위해 파헤쳐진 구역을 포함, 이 일대를 어떻게 주민들을 위한 문화·생태적 공간으로 재생산시킬 수 있는가를 고민하게 되었다. 즉 어떻게 하면 주민들이 주체가 되어 자신들이 지닌 독특한 삶의 역사와 기억, 문화를 지속시켜나가는 바람직한 공동체를 만들어낼 수 있는가를 연구한 것이다. 이는 한편으로는 배다리에 국한하지 말고 인천시 전역에서 '명품도시'라는 이름으로 무자비하게 펼쳐지는 각종 개발과 홍보성 사업에 맞서 제대로 된 대안을 제시해야 하지 않겠는가라는 관점으로 발전하였다. 결국 '배다리 에코뮤지엄(역사문화마을)'이라는 개념의 대안적인 도시재생 방안을 내세워 이를 구체화하기 위한 활동과 사업을 벌여나가게 되었다.

그래서 '배다리를 지키는 인천시민 모임'을 '배다리를 가꾸는 인천시민모임'으로 명칭을 바꾸고 구호 또한 "산업도로 반대"에서 "배다리는 살아 있는 인천의 역사입니다"로 변경했다. 2009년 4월에는 마을 주민을 포함하여 인천 지역 시민 총 250여 명이 참여하여 "도시개발에 있어 인간적 삶의 가치에 기초한 도시철학과 문화적 상상력을 최대한 반영하도록 발상의 전환을 요구"하는 '배다리 문화선언'을 선포하였고 같은 해 9월에는 '배다리 책방 거리 보존 및 에코뮤지엄 조성을 위한 배다리 역사·문화지구 지정 촉구 시민 서명 운동'을 전개하였다.

산업개발 저지 운동과 병행하여 배다리역사마을에 터를 잡은 각 문화공간들이 각자의 건물을 창의적으로 개보수·활용해 도시재생의 작은 모범사례를 보여주면서 마을 공동체를 위한 활동과 사업 또한 다양하고 활발하게 펼쳤다. 마을 벽화 그리기, 간판 개선 사업, 텃밭 가꾸기,

인천 근대 역사탐방, 시낭송회, 배다리 주말극장, 동네미술 공장 '땜빵', 지역 화폐 '띠앗', 생활문화공동체 활성화 사업, 레지던시 프로그램, 배다리 인문학 교실, 벼룩시장, 배다리 문화축전 등이 그것이다. 이러한 노력은 그 자체로도 많은 의미와 성과를 드러내었지만 2009년 10월 재정비 촉진사업의 마지막 행정절차인 주민공청회를 결사항전이 이지아 태도로 막을 수 있었던 명분과 근원적 힘이 되었다. 그리고 인천 지역 역세권을 중심으로 동시다발적으로 진행되어왔던 인천시의 도시재생사업은 결국 주민 설문조사를 다시 하는 등 전면 재검토로 바뀌게 되었다. 그리고 이듬해 초 배다리역사마을은 산업도로를 지하화하고 재정비사업을 약속받기에 이른다.

그러던 것이 2014년 6월 민선 6기 지방선거로 인해 시장과 구청장이 모두 교체되며 전임 시장이 추진했던 사업 예산을 이런저런 이유를 들어 전액 삭감하였다. 그럼에도 불구하고 이와는 별개로 배다리역사마을에는 문화공간들이 추가로 들어서면서 기존의 행사 및 프로그램 외에 마을 소식지 발간, 벼룩시장, 도시 캠핑 '밭캉스', 텃밭 가꾸기, 점심 밥상, 배다리 도시학교, 배다리 안내소, 배다리 생활전시관, 요일가게 '다(多)괜찮아' 등 다양한 공간 및 실험과 논의 구조가 마련되었다. 겉모습만 그럴듯한 역사문화마을이 아니라 대안적 삶의 가치와 형태를 생활 속에 제대로 접목하고 습성화하기 위해 노력하고 있는 것이다.

헌책방 거리, 사진공간 배다리와 생활문화공간 '달이네', 창영동 벽화골목과 우각로 생애사길, 영화초등학교와 창영초등학교, 수도국산달동네박물관, 또 스페이스빔 등을 중심으로 배다리역사마을의 문화적 자산과 자원의 가치를 높여 지속 가능한 지역으로 만들어나가는 데 앞장서고 있다.

1950년에 문을 연 배다리 헌책방 골목은 한국전쟁 후 고향을 잃은

피난민들이 하나둘 모여 만든 배다리역사마을 청년들의 학문을 이어가기 위해 자연스럽게 생긴 거리로 문화와 역사가 서린 곳이다. 『토지』로 유명한 박경리 선생이 이곳에 헌책방 1호점을 열기도 했다. 또한 해방 이후 국내 최초의 문예지 『문예탑』, 『동화세계』가 태동한 곳도 배다리다.[112]

예전에는 40여 곳이었던 헌책방이 지금은 집현전서점, 아벨서점, 한미서점, 삼성서점 등 단 다섯 곳만 남아 명맥을 이어가고 있다. 그래도 단순히 책이 아니라 문화와 역사를 팔고 있다는 자부심으로 오늘도 영업을 계속하고 있다.

배다리 헌책방거리를 지키는 여러 헌책방 가운데 아벨서점은 배다리 헌책방거리를 인천 안팎으로 알리거나 지키는 마당쇠 같은 살림꾼 노릇을 한다. 헌책방 아벨서점이 갖춘 책 수만 보아도 무척 많아 서울에 있는 웬만한 헌책방보다 알차다고 할 수 있다.

아벨서점은 헌책방을 두 개 운영하고 있으며, 2007년부터 서점 내 2층 다락방에서 매월 마지막 주 토요일 시낭송회도 열고 있어 문학에 관심 있는 사람들이 모여 얘기를 나누는 장소가 되고 있다.

사진공간 배다리는 아벨서점과 한미서점 사이에 있는 인천 최초의 사진 전문 갤러리로 무료로 사진전을 개최하여 사진작가 활동을 지원하는 곳이다.

생활문화공간 달이네는 북카페 및 나비 날다 책방 및 게스트하우스이자, 뜨개 작업실이며, 꽃과 배다리 안내소를 겸하고 있는 복합생활문화공간이다. 어린이들이 뒹굴며 책을 볼 수 있는 공간, 고양이 책 약 500권과 고양이 사진, 고양이 소품들이 있는 공간, 배다리를 여행하는 출발점이 되는 배다리 안내소 등이 있다.

---

112) 정진오, 앞의 글, 2010, 86쪽.

헌책방 거리에서 5분도 안 되는 곳에서는 알록달록 오색 벽화가 감성을 자극한다. '걷고 싶은 거리' 사이사이 숨겨진 벽화는 마을의 역사와 주민들의 삶이 오롯이 그려져 있어 벽화 하나하나에 마을에 대한 소중한 의미가 담겨 있다. 2007년부터 2012년 봄까지 지역공동체 문화공방을 운영한 '퍼포먼스 반지하'[113]가 그린 작품 속 한 벽화에는 이런 문구가 쓰여 있다.

> 나는 1930년대부터 이곳 창영동에서 살았단다. 이 마을에 다시 나무도 많아지고, 사람들이 모여 이야기할 수 있는 곳도 있으면 참 좋겠구나. 함께 산다는 건 옛날과 지금, 그리고 앞으로 어떻게 살아가야 할지를 함께 나누어가는 거란다. 그래서 난 이 마을이 사라지지 않았으면 좋겠다.

우각로 생애사길은 예술가들과 주민들이 힘을 합쳐 만든 벽화들로 유명하며 도원역으로 가는 언덕길에서는 많은 작품들을 볼 수 있다.

또한 우리나라 최초의 초등학교인 영화초등학교[114]와 인천 최초의 공립학교인 창영초등학교가 위치해 있다. 영화초등학교는 우리나라 최초의 초등학교로 현존하는 최고(最古)의 초등교육기관이다.[115]

---

113) 지역에 기반한 문화예술인들이 활동공간을 배다리로 옮기기로 하면서 가장 먼저 배다리에 둥지를 튼 것이 지역공동체 문화공간 '퍼포먼스 반지하'다. 이어서 인천작가회의, 민운기 등이 배다리로 활동공간을 옮겼다.

114) 영화초등학교의 전신은 존스(George Heber Jones) 선교사 부부가 설립한 매일학교다. 그 역사적 가치를 인정받아 1911년 9월 존스 기념관이 설립되었으며 지방유형문화재로 지정되있다. 영화초등학교가 배출한 인물은 한국 최초의 여대생 김애리시, 최초의 여성박사 김활란, 이화학당 이사장 서은숙, 이화여대 사범대학장 김애마, 이화여대 음대학장 김영의 등이 있다.

115) 이성진, 「배다리·우각로의 역사적 의미」, 인천문화재단, 2007.

창영초등학교는 1910년 개교한 인천 최초의 공립보통학교로 1919년 3·1운동 당시 인천만세운동의 진원지기도 하다. 이 두 곳은 근대교육의 산실이자 역사의 뿌리를 간직하고 있는 곳으로 배다리 우각로의 오랜 역사적 가치가 남아 있는 곳이다.

아울러 이곳은 한국 기독교 신학의 발원지기도 하다. 한국 최초의 자립예배당이 만들어진 곳이기도 하며 한국 최초의 신학 월간지 『신학월보』가 1900년 이곳 우각리 에즈베리 선교기지에서 발행되었다. 선교사 존스가 발행인으로 순한글 신학 잡지다. 서울 냉골에 협성신학교가 세워지기 전 한국 기독교 신학의 기초를 정립했던 역사적 공간이다.

달동네박물관이 있는 수도국산은 원래 이름이 소나무가 많아 송림산이었는데 1909년 일제가 인천과 노량진을 잇는 상수도를 만들기 위해 산꼭대기에 수돗물을 담아두는 배수지를 설치하면서 수도국+산, 수도국산이 되었다고 한다. 개항기 이후 주민들이 일본 사람들을 피해 이곳으로 옮겨오면서 수도국산은 가난한 사람들의 보금자리로 인천의 전형적인 달동네가 되었다. 이후 한국전쟁 때 피난민들과 70년대 산업화 시기에 노동자들이 터를 잡으면서 3천여 가구가 모여 살게 되었다. 이 달동네 사람들의 모둠살이를 주요한 테마로 삼은 것이 달동네박물관이다. 1960~70년대 달동네의 옛 모습과 실존 인물을 생생하게 재현해놓은 박물관으로 6070시대의 삶을 체험할 수 있다. 이색적이고도 정다운 공간으로 비록 규모는 크지 않지만 알차고 세심하게 만들어져 있다.

배다리역사마을 만들기에 앞장선 사람이 있다. 대안예술공간의 스페이스 빔 민운기 대표다. 2007년 우연히 공공미술 프로젝트[116]로 배다리역사마을을 방문한 민운기 대표는 일대가 산업도로 공사로 전면 철

116) 공공미술 지원 사업, 「도시유목 탐사프로젝트」, 인천문화재단, 2006.

거된다는 소식을 듣고 차마 외면할 수 없어서 배다리에 눌러앉았고[117] 문화와 역사가 서린 배다리역사마을을 보존하는 데 앞장서는 공간 스페이스빔을 만들었다고 한다. 스페이스빔의 '빔'은 '비어 있다', '비우다'의 의미가 있는데, 공공성과 지역성, 자율성을 모토로 안으로는 나만의 자본주의적 욕망을 비우고, 밖으로는 도시공간에 작동하는 일반적인 권력에 대항하여 이를 비운 후 시민들의 자발적, 자율적 관계로 다시 채워질 수 있도록 하겠다는 의미다.[118]

스페이스빔은 1910년부터 1996까지 운영된 옛 인천 양조장 건물을 약간의 수리만 거쳐 활용하고 있는데 70여 년의 양조 산업의 역사를 고스란히 담은 채 예술과 문화가 만나 다시 태어난 특별한 대안 예술공간으로 여러 예술창작활동을 한다. 예를 들면 '도시포럼'이라고 해서 도시에 관심을 갖고 있는 사람이 한 달에 한 번씩 모여서 다양한 주제를 가지고 이야기를 나누고 『시각』지라는 지역 미술 비평지를 만들어 격월간으로 발행하고 있다.[119]

스페이스빔은 아늑하고 감성적인 소품들로 가득하여 마치 골동품 박물관에 온 것 같다. 1층은 전시 공간, 2층은 사무실을 겸한 카페로 활용되고 있다. 배다리 문화 안내 책자, 마음이 따뜻해지는 책들이 있으며 자유롭게 차를 마실 수 있다.

배다리역사마을의 재생을 이끈 주체는 '배다리 주민'과 '인천 지역 시민문화예술 단체와 활동가'이다. 이들은 사라질 위기에 놓였던 배다리 지역의 자원을 지켜낸 점에서 문화적인 도시재생으로 재평가받게 되

117) 2002년 인천 구월동에서 시작한 문화예술활동을 2007년 9월 구월에서 배다리로 이전한 것은 인천 문화예술운동사에서 하나의 사건이었다. 인천 양조 산업의 출발지로 역사적 가치가 높은 공간을 개조하여 공연과 전시, 교육을 아우르는 복합문화공간으로 재탄생시켰기 때문이다.

118) 민운기, 『황해문화』, 새얼문화재단, 2013, 326쪽.

119) 민운기 방송, 「KNB초대석 '스페이스빔' 민운기 대표 편」, KNB, 2013. 8. 14.

었다.

발터 벤야민은 "살아가는 건 흔적을 남기는 것이다"라고 했다. 인간은 도시의 건물, 건물의 내부 환경과 같은 틀 속에 인간 실존 양식의 실마리이자 지나온 경과의 표시인 '흔적'을 남기고, 도시가 이 흔적을 기억의 저장고로서 보전한다고 본 것이다. 이 흔적을 읽는 것은 도시를 연구하는 주요 방법론이고 이 흔적들은 문화적 기억들과 긴밀하게 연결되어 있다. 배다리역사마을 주민들은 벤야민이 말한 문화적 기억과 삶의 흔적이 남아 있는 지역자원의 잠재능력에 대해 새로운 시각을 갖기에 이르렀다.[120]

약 6년 동안의 긴 '배다리 싸움'은 속도와 효율, 이익과 성장만을 우선시하는 우리 사회에 만연된 개발 논리, 도시 상품화 논리에 대한 성찰이자 저항이며, 새로운 대안을 창출하고자 하는 열망이 모아진 것이라 할 수 있다. 그리고 그 대안은 다름 아닌, 주민 및 시민들이 도시에서 살아가면서 당연히 누려야 할 공공적, 공익적 권리를 되찾고 나아가 더불어 즐겁고 행복하게 살 수 있는 구조와 조건, 환경을 만들어나가는 일이라 할 수 있다. 주민들의 삶을 존중하고 자긍심을 높여줌으로써 그들이 변화의 주인공으로 나설 수 있게 해야 한다.[121]

다음은 스페이스빔을 운영하며 배다리역사마을을 지켜내는 데 앞장선 민운기 대표가 2013년 12월 25일 '인천 원도심재생과 문화예술의 역할'이라는 주제로 강연한 내용 중 배다리역사마을의 방향성과 의미에 대해 정리한 것이다.

---

120) 발터 벤야민, 최성만 역, 『기술복제 시대의 예술작품』, 길, 2007.
121) 박일환, 「배다리, 새로운 문화실천 플랫폼 현장」, 인천문화재단, 2007.

<배다리역사마을의 방향성과 의미>

가. 보전과 개선, 과거와 미래, 문화와 경제의 창조적 결합

나. 민·관 전문가들의 상호 협력체제 구축

다. 지속적인 토론과 논의, 참여와 과정의 중시

라. 역사, 문화, 생태, 인간적 가치를 공간과 생활에 구현

배다리역사마을이 나아가야 할 방향은 수백억을 들여 특정 형태나 주제를 마을에 전면화시키자는 게 아니다. 즉 몇몇 개의 역사 문화 관련 요소를 주된 콘텐츠로 하는 특화된 마을 하나를 조성하는 '완결형'이 아닌 주민들을 비롯한 다양한 주체들 간의 교류와 소통 속에 바람직한 문화가 만들어지고 자율적인 공간이 끊임없이 생성될 수 있는 유기체로서의 '현재진행형'이자 중·장기적인 차원에서 우리 사회 및 도시가 나아갈 바람직한 방향과 구체적 형태를 찾아 나가는 지속적인 실험의 장이어야 한다는 것이다.

특히 역사문화마을의 요소, 문화공간이나 시설, 행사 등이 많은 마을이 아니라, 마을이 간직하고 있는 역사를 중시하고 역사 속에서 시대정신을 읽고 실제 삶에 접목 및 적용시켜 보려는 노력은 물론 지나온 삶의 방식과 형태 및 요소들이 가진 가치와 특성, 매력 등을 문화적 관점에서 파악하여 이를 토대로 바람직한 도시공동체를 만들어가기 위한 노력을 벌여나가는 거점으로서의 성격과 역할을 지니고 있다고 말할 수 있다.

지역 내 역사적 가치가 높은 장소로서 분석한 배다리역사마을을 비산업적 도시재생 분석 틀에 적용하여 정리해보자.

배다리는 살아 있는 인천의 역사다. 배다리역사마을의 경우 배다

〈사진 9〉 **배다리마을 전경**(출처:인천관광공사 블로그)

〈사진 10〉 **배다리역사마을**(출처:인천관광공사 블로그)

〈사진 11〉 **아벨 서점**

〈사진 12〉 **한미 서점**

리 주민뿐만이 아니라 인천 지역 시민문화예술 단체와 활동가들이 배다리역사마을이 인천의 중요한 역사적 문화적 가치가 있는 곳이라는 인식을 갖고 배다리역사마을을 탈바꿈시키는 노력을 기울였다. 산업개발로 인해 사라질 위기에 처했던 역사적 가치가 높은 공간이 사회적 가치를 공유한 공동체(배다리 주민과 인천 지역 시민문화예술 단체와 활동가)의 저지 운동을 통해 살아났다. 배척보다 보존을 존중하고 배다리 지역의 특수성(배다리역사마을의 지역문화적 가치)을 도시의 주체들이 적극적으로 해석하면서 배다리 지역에만 있는 독특한 장소 자본을 만들고 이를 브랜드로 이미지화하면서 도시재생을 꾀하고 있다.

배다리 주민들은 지성, 재능, 열망, 동기, 그리고 창조성이야말로 자신들이 갖고 있는 최대의 자산이라는 것을 깨닫고 인간적 삶의 가치에 기초한 도시철학과 문화적 상상력을 최대한 반영하여 다양한 문화와 예술 토대의 문화활동을 하고 있다. 이를 통해 상호 호혜적 커뮤니티와 프로그램을 적극적으로 개발하여 '자생적이고 역동적인 살아 숨 쉬는 마을 만들기'를 추진하고 문화를 공유하며 삶의 질을 높이는 선순환 구조를 창조해나가고 있다. 겉모습만 그럴듯한 역사문화마을이 아니라 대안적 삶의 가치와 형태를 스스로 창출해내기 위해 노력하고 있는 것이다.

창조도시에서는 창조를 일으키는 주체(사람)가 적극 나서서 창조의 바탕이 되는 지역문화를 이끌어야 한다. 이때 사람들은 이익 창출만이 아니라 삶의 재미와 끈끈한 인간관계를 되살려야 진정한 공동체로서 지속 가능한 도시재생을 할 수 있다. 그래야만 단시일적, 편향적 도시재생 패러다임에서 벗어나 지역에 깊이 뿌리내릴 수 있다. 진정한 도시재생은 단지 거주자의 증가, 현대화된 건물이 아니라 창의성과 문화를 되살리는 삶의 재건이 되고 있는지를 기준으로 평가해야 한다.

모든 문화공간은 인간과 삶에 기본을 두어야 하며, 혹은 '인간과

〈표 16〉 배다리역사마을 분석

<table>
<tr><th colspan="5">배다리역사마을 개요</th></tr>
<tr><td colspan="2">지각</td><td colspan="3">인천 동구의 금곡동, 창영동, 수도국산, 동인천역, 중구의 도원역까지를 아우르는 개념</td></tr>
<tr><td colspan="2">개념</td><td colspan="3">- 인천 근현대사에 역사적 가치가 높은 구도심
- 인천 근현대사를 증언하는 역사 문화적 장소</td></tr>
<tr><th colspan="5">분석 틀 적용</th></tr>
<tr><th colspan="2"></th><th colspan="2">분석 지표</th><th>배다리역사마을 특징</th></tr>
<tr><td rowspan="10">적용</td><td rowspan="7">내적</td><td rowspan="3">생동공간</td><td>문화와 예술이 토대다</td><td>헌책방, 전시관, 공방, 갤러리, 문화교실, 벽화거리</td></tr>
<tr><td>지역의 아이덴티티가 존재한다</td><td>인천 근현대사를 증언하는 역사 문화적 장소
- 헌책방골목(1950년에 문을 염)
- 영화초등학교(우리나라 최초의 초등학교)
- 창영초등학교(인천 최초의 공립학교)
- 한국 기독교 신학의 발원지
- 양조 산업의 역사</td></tr>
<tr><td>다양한 커뮤니티가 존재한다</td><td>- 중・동구 관통 산업도로 무효화를 위한 주민 대책위원회
- 배다리를 가꾸는 인천시민모임</td></tr>
<tr><td>제3의 공간</td><td>(개인적) 문화 향유를 할 수 있다</td><td>헌책방, 전시관, 공방, 갤러리, 문화교실, 벽화거리를 통해서 문화 향유 가능</td></tr>
<tr><td rowspan="3">내적 관용 (=다양성)</td><td>접근성이 용이하다</td><td></td></tr>
<tr><td>인구(외국인 수) 계층이 다양하다</td><td></td></tr>
<tr><td>지역민의 태도</td><td></td></tr>
<tr><td rowspan="3">외적</td><td rowspan="3">생동공간</td><td>자생적(자연발생적)으로 생겨났다</td><td></td></tr>
<tr><td>거리문화가 있다</td><td>- 걷고 싶은 거리
- 벽화거리</td></tr>
<tr><td>지역(마을) 내 가까이에 존재한다</td><td></td></tr>
</table>

<table>
<tr><th colspan="4">분석 지표</th><th>배다리역사마을 특징</th></tr>
<tr><td rowspan="5">적용</td><td rowspan="5">외적</td><td>제3의 공간</td><td>(상호적) 문화를 서로 공유하는 커뮤니티, 프로그램이 있다</td><td>- 마을 벽화 그리기
- 간판 개선 사업
- 텃밭 가꾸기
- 인천 근대 역사탐방
- 시낭송회
- 배다리 주말극장
- 동네미술 공장 '땜빵'
- 지역 화폐 '띠앗'
- 생활문화공동체 활성화 사업
- 레지던시 프로그램
- 배다리 인문학 교실
- 벼룩시장
- 배다리 문화축전
- 마을 소식지 발간
- 도시 캠핑 '밭캉스'
- 점심 밥상
- 배다리 도시학교
- 배다리 안내소
- 배다리 생활전시관
- 요일가게 '다(多)괜찮아'
- 매월 넷째주 문화마당 개최</td></tr>
<tr><td rowspan="4">외적 기술 (=환경)</td><td>창조적 공간이 있다</td><td>배다리역사마을에 터를 잡은 각 문화공간들이 각자의 건물을 창의적으로 개보수 · 활용
- 우각로 생애사길 벽화
- 동네미술 공장 '땜빵'
- 배다리 인문학 교실
- 배다리 도시학교
- 배다리 안내소
- 배다리 생활전시관</td></tr>
<tr><td>창조적 활동을 촉진하는 환경(사회적 제도)이 있다</td><td></td></tr>
<tr><td>전체 공공 지출 중 예술 및 문화 부문 지출 비중</td><td></td></tr>
<tr><td>자발적 참여를 촉진하는 환경에 대한 평가</td><td></td></tr>
</table>

		분석 지표		배다리역사마을 특징
적용	주체	생동 공간	지역 주민의 자발적인 참여가 있다	주체는 배다리 주민과 인천 지역 시민문화 예술 단체와 활동가다
		제3의 공간	(대중적) 문화의 생산자와 소비자가 함께 모여 전달하고 나눈다: 자발적 공유와 소통	헌책방 운동을 해온 최종규 씨가 사진책 도서관 '함께살기' 개관 - 아벨서점 곽현숙 대표가 '배다리 작은 책, 시가 있는 길'이라는 전시관 개관 - 마을 벽화 그리기
		주체 (=인재)	창조계급 종사자가 있다	
			문화예술 및 지역 발전을 위해 강력한 옹호자가 될 수 있는 공동체 리더가 있다	스페이스빔 민운기 대표 - 도시포럼 - 『시각』 격월간지. 지역 미술 비평지

삶'을 만들어내는 과정에 기반을 둔 작은 사회와 문화에 대한 고민들을 해야 한다.

민관 협력 지역공동체 파주출판단지

서울에서 서북쪽으로 40km(자동차로 30분 거리)의 파주에 위치한 '파주출판문화정보산업단지(이하 파주출판단지)'는 총 48만 평에 출판 인쇄지구, 유통센터, 아시아출판문화정보센터, 지원시설(주택 및 상업시설) 등을 포괄하는 대규모 문화산업단지다.

파주출판단지는 1989년 중소출판사 몇몇이 모여서 사업을 추진하고 여기에 관의 협력이 더해져 만들어졌다. 지금까지와는 전혀 다른 발상과 방법으로 건설된 민간주도형 국가산업단지다. 이는 정부 주도에 의해 하향식으로 개발된 것이 아니라, 출판인들이 자발적인 문화운동 차원에서 협동화 사업으로 이룩한 '출판문화산업단지'다.

출판 산업의 집중화를 통해 활성화를 꾀하고자 관의 지원을 받아 만들어져 2007년까지 출판사, 인쇄업체, 출판유통회사, 지류, 제본 등 총 300개 사가 입주했으며, 고용인원은 1만 명이 넘었다.

처음에는 출판유통의 현대화를 위한 종합유통센터 건설이 주목적이었으나, 차츰 출판 활동의 전 분야를 망라하는 문화산업단지로 위상이 확장되었다. 이러한 공공성 때문에 국가적 관심을 이끌어내는 것이 가능했다.

정부에서 건축비를 지원한 것도 그러한 공공성을 감안한 조치로 보인다. 출판과 관련된 전문적인 교육과 연수는 물론, 다양한 출판물의 기획·전시 등을 통해 미래의 출판문화를 창조하고 공유해나가는 산실이 되기를 바라며 만들어진 것이다.

출판단지 건설을 시작했을 당시, 건축의 대원칙은 '자연이 살아 있는 생태도시 건설'이었다. '인간과 자연, 문화와 산업'의 융합이라는 컨셉트는 출판단지의 철학이기도 하다. 그래서 출판문화와 자연, 건축미의 합일을 위해 국내외 대표적인 건축가가 대거 참여하였다.

파주출판단지가 건설될 즈음 건축가 승효상은 이렇게 말했다.

> 출판문화의 메카가 된다는 출판문화단지가 숱한 곡절을 딛고 각고의 노력 끝에 그 시행을 앞두고 있다는 것을 들었습니다. 저는 이 단지가 지혜의 도시가 되길 간절히 원합니다. 실패한 우리들 도시의 비틀어진 욕망을 결단코 닮지 않기를 빕니다. 지혜의 도시는 어떤 곳일까요? 이곳은 소유하기보다 사용하기를 즐기는 이들이 사는 도시이며, 그것도 혼자 쓰기보다는 같이 쓰기를 원하는 이들의 공동의 삶을 구하는 곳입니다. 더함보다는 나눔이, 나뉨보다는 이음이 더욱 가

치 있음을 믿는 그런 곳이지요.[122]

파주출판단지는 단순히 산업이 모여 있는 장소만을 만들기 위해 시작된 것이 아니다. 자연과 어우러지는 건축물과 아름다운 풍경을 이용해 관광지로 활용할 계획까지 함께 세워 조성되었다. 그래서 출판도시에 들어올 각 출판사들은 건축물 하나에도 미와 예술을 추구했고 여기에 북카페나 전시장, 서점 같은 문화공간을 열어 부가수익까지 얻고자 했다. 또한 매년 국제출판포럼, 동아시아 책의 교류, 어린이책잔치 등 각종 행사를 개최하여 관광객 유치를 시도했다. 또 인근에는 미술관, 박물관, 극장 등 각종 문화시설을 집결시킨 문화예술마을 '헤이리아트밸리'도 있다. 그래서 두 지역을 연계한 다양한 프로그램 계발에 힘쓰고 있다.

그렇다면 현재 파주출판단지에 대한 평가는 어떠한가.

김은애[123]는 파주출판단지가 가지는 외부효과에 대해 도서출판 부분과 관광문화 부분에서는 긍정적인 효과가 나타났으나 고용자 지원과 관련한 교통·주거·근린생활 부분에서는 부정적으로 보고 있다. 또한 파주출판단지의 주목적인 출판·인쇄·유통의 일원화가 아직까지 완벽하게 이루어지지 못했다.

권니아[124]의 연구에서 파주출판단지 이용자 평가를 보면 시각, 미학적인 부분에서는 상대적으로 좋은 평가를 받았으나 물리·생태적인 부분에서는 전반적으로 평가가 낮고, 생태수로에 대한 정비와 가로수의

---

122) 승효상, 「Commonality 파주출판도시: 새로운 시대, 새로운 도시」, 『이상건축』 2월호, 2001, 41쪽.

123) 김은애, 「파주출판도시의 업체 간 연계와 외부효과에 관한 연구」, 서울대 석사학위논문, 2007.

124) 권니아, 「파주출판문화정보산업단지의 이용 후 평가」, 『한국생태환경건축학회논문집』 제10권 2호, 2010, 47쪽.

확충 또한 필요한 것으로 나타났다. 사회·행태적인 부분에서는 가장 낮은 평가를 받았는데 도시의 접근성 부분과 편의시설에 대한 평가가 낮았기 때문이다.

한편 파주출판단지 내에 24시간 개방 도서관 '지혜의숲'이 2014년 문을 열었다. '지혜의숲'은 2013년 2월 출판도시문화재단 이사장으로 선출된 뒤 "새로 지어 개관하려면 적어도 500억 원 이상이 들어갈 100만 권 장서의 도서관을 20억 원으로 만들겠다"는 김언호 한길사 대표의 아이디어에서 출발하였다.

지혜의숲은 파주 헤이리에 있는 한길사 북카페 '포레스타(Foresta)'를 모델로 만들어졌다. 열린도서관을 표방하고 있는 '지혜의숲' 도서관은 종이책 보호·보존·활용 등 지식 리사이클링운동을 통한 도서 재활용을 위해 기획 당시부터 출판사 단체로부터 기증받은 책을 보존하고 독서하도록 하였다. 다양한 문화예술프로그램을 기획하고 추진하여 도서의 활용도를 높이고 파주출판도시 활성화를 위한 목적으로 시작되었다. 예산은 2014년 3월 받은 국고 7억 원과 파주출판문화재단 자체 예산 3억5천만 원 등 총예산 10억5천만 원이 소요되었다. 현재도 국비 5억 원이 추가로 투입될 예정이다.

실제 이곳을 방문해보면 일반 도서관과는 사뭇 다른 느낌이 든다.

첫째, 공공성을 띠고 있는 도서관의 책들이 장식용으로 꽂혀 있다. 책장이 높고 그 책들을 쉽게 보는 것은 무리다.

현재 장서 규모는 20만 권으로 시작했지만 중장기적으로 100만 권 소장이 목표다. 그러나 장서 구성이 연구자·학자·저술가들의 소장도서와 출판사 도서 등 일반적인 공공도서관의 자료수집 방법인 구입이 아니라 기증방식만을 취하고 있다는 점도 도서관 기능으로 제 역할을 다하지 못하게 하는 한계를 만들어내고 있다. 이용자가 도서관에 오는 이유는 자료를 찾기 위해서인데 장서가 충실하지 못해 이용자가 더 이상 찾지 않는 도서관이 된 것이다.

윤희윤[125]에 따르면 공공도서관은 어느 국가를 막론하고 지식정보의 요람, 문화활동의 거점, 평생학습의 산실로 규정되고 있을 뿐만 아니라 지식 문화의 선진국과 후진국을 판별하는 잣대로 활용되고 있다고 한다. 그러나 지혜의숲은 대출도 안 되고, 검색 시스템도 없어 도서관으로서는 많은 문제점을 안고 있다.

둘째, 책의 수집 관리 문제다.

계획 초기에는 검색프로그램 컴퓨터 등 하드웨어 구축 및 도서 도난방지 시스템 등 도서입력 및 전산화 사업에 9천만 원이 배정되어 있었다. 그러나 6월 개관 당시 지혜의숲은 책 20만 권에 대한 목록작업 없이 운영을 시작하였다. 추후 이에 대한 논란이 거세지자 학자들의 기증도서 5만 권에 대한 목록작업을 실시했다고 밝혔다. 나머지 15만 권에 대한 목록작업도 진행하겠다는 계획도 덧붙였다. 그러나 지혜의숲을 직접 방문해 확인한 결과 이를 검색할 수 있는 컴퓨터나 도난방지 시스템은 어디에서도 찾아볼 수 없었다.

또한 장서 100만 권이 목표라고 하는데, 실제 우리나라 연간 종이책 발행 부수는 총 1만 권 정도며, 2012년 출판산업실태조사에 따르면 이 중에서 교과서 및 학습참고서 5,027부, 학습지 1,676부를 제외하면 연간 발행 부수는 3,708권에 지나지 않는다. 같은 책을 두 권씩 기증받는다 해도 앞으로 80만 권을 더해 100만 권을 채우려면 100년이 넘게 걸린다는 계산이 나온다.

장덕현·강은영[126]에 따르면 도서관에서 자료를 구입하는 것은 내

125) 윤희윤, 「공공도서관 장서개발의 정론과 역설」, 『한국도서관·정보학회지』, 2009, 5-22쪽 재구성.

126) 장덕현·강은영, 「공공도서관 자료 구입에 영향을 미치는 제도에 관한 연구」, 『한국비블리

부적으로는 장서 구축을 위한 필수적인 과정인 동시에 외부적으로는 출판물에 대한 공식적이고 일차적인 소비자로서의 의미를 가진다.

셋째, 지혜의숲은 사서 대신 자원봉사자인 권독사 제도를 운영하고 있다. '권독사' 40명이 로테이션으로 하루 최소 5명씩 4시간씩 자원봉사 형태로 지키고 있을 뿐이다. 그러나 도서관법에 따르면 공공도서관의 경우 건물면적이 330m^{2}이하인 경우에는 사서 3명을 두되 330m^2 이상인 경우 초과하는 330m^{2}마다 사서 1명을 더 두게 되어 있다. 또 장서가 6천 권 이상인 경우 초과하는 6천 권마다 1명을 추가 고용해야 한다. 특히 공공도서관은 개관 시 최소 사서 3명을 두도록 하고 있다. 그렇다면 지혜의숲 역시 건물면적 기준으로 보면 최소 5명의 사서를 둬야 한다.

따라서 지혜의숲은 전통적인 도서관과는 전혀 다른 개념에서 이해되어야만 한다. 이름만 붙인다고 해서 도서관의 역할을 수행할 수 없기 때문이다. 이에 대한 깊이 있는 고민 없이 도서관으로 명명되어졌다는 사실부터가 논란의 여지를 안고 출발한 셈이다.

조수연·박성진에 의하면 지혜의숲은 도서관 기능 면에서 보면 그 기능을 다하지 못하고 있는 실정이다. 그러나 이런 상황에도 불구하고 출판도시문화재단은 지혜의숲을 이용한 시민이 월평균 3만 명, 지난 1년 간 약 40만 명인 것으로 추산했다.

지혜의숲은 도서관 기능보다는 하나의 문화공간으로서 자리매김하고 있다고 볼 수 있다. 커피도 마시고 책도 보면서 독서토론도 하는 공간 말이다. 특히 가족과 함께 주말 나들이 장소로 많이 이용하고 있으며 이 때문에 가족 방문객이 전체 이용자의 70%를 차지한다. 하지만 시민들 입장에선 더 쉽게 도서를 검색해 읽고 대출도 받을 수 있는 기능

아학회지』 22호, 2011, 270-288쪽.

〈사진 13〉 **지혜의숲 외관**

〈사진 14〉 **지혜의숲 내부**

〈사진 15〉 **한길사 외관**

〈사진 16〉 **들녘 출판사 외관**

〈사진 17〉 미메시스 뮤지엄 외관

〈사진 18〉 미메시스 뮤지엄 내부 보습

〈사진 19〉 **열림원 외관**

〈사진 20〉 **열화당 내부**

등이 아쉬운 게 사실이다.

또한 파주 출판사들이 북카페를 활성화하려 하지만 이용객이 주말에만 몰려 있고 주 중에는 방문자가 많지 않은 것도 큰 문제로 대두되고 있다. 애초부터 큰 수익을 기대한 것은 아니지만, 무엇보다 행사를 열어도 독자들을 모으는 것 자체가 힘들다. 합정역에서 30분 남짓이면 올 수 있다고 하지만 '심리적 거리'가 크기 때문이다. 이에 파주출판단지의 지속 발전 가능성을 위한 새로운 의견을 모아야 할 때다.

그럼 민관 협력의 지역공동체인 파주출판단지를 비산업적 도시재생 사례로서 분석 틀에 적용해 정리해보자.

파주출판단지는 200여 개의 출판사가 뜻을 모으고 거기에 건설교통부가 지원하여 생겨난 출판전문 도시다. 민관의 협력하에 진행된 첫 번째 문화적 도시재생 사업인 셈이다. 파주출판단지의 성공적 출발 덕에 많은 지자체에서 도시재생의 문화콘텐츠로 책문화를 주목하게 되었다고 해도 과언이 아닐 것이다. 그러나 파주출판단지의 딜레마 역시 존재한다.

조명래[127]는 파주출판단지가 갖는 본연의 목적은 출판에 있음에도 불구하고 실제 가보면 현재의 파주출판단지는 '건축의 사회적 실험장'으로 변모되었다고 비판하였다. 출판은 없고 건축만 있음을 보게 된다는 말이다. 그는 앞으로 파주출판단지가 발전하기 위해서는 현재보다 건축은 작아져야 하며 대신 출판공동체가 확실하게 구축되어야 한다고 주장한다.

파주출판단지는 문화적 도시재생 전략으로 시작되었지만 현재 한계에 부딪치고 있다. 파주출판단지는 사람이 중심이 되지 못하고 산업

127) 조명래, 「파주출판도시의 긴장과 딜레마」, 『문화과학』 제41호, 공간연구, 2005, 174쪽.

〈표 17〉 **파주출판단지 분석**

<table>
<tr><th colspan="5">파주출판단지 개요</th></tr>
<tr><td colspan="2">지각</td><td colspan="3">경기도 파주시 탄현면 법흥리 1652번지 일대
부지면적은 503,412.9m^2(152,282평)
구릉지나 계곡, 중앙의 늪지 등을 자연 상태 그대로 보존하며 개발된 마을
면적: 156만1천m^2(47만2천1백 평)
○ 제1단계(1997~2015): 87만4천m^2(26만4천4백 평)
- 출판, 인쇄, 출판유통
○ 제2단계(2007~2015): 68만7천m^2(20만7천7백 평)
- 출판, 인쇄, 영상, 소프트웨어, 전시, 공연</td></tr>
<tr><td colspan="2">개념</td><td colspan="3">출판인들이 자발적인 문화운동 차원에서 협동화 사업으로 이룩한 '출판문화산업단지'</td></tr>
<tr><th colspan="5">분석 틀 적용</th></tr>
<tr><th colspan="2"></th><th colspan="2">분석 지표</th><th>파주출판단지 특징</th></tr>
<tr><td rowspan="10">적용</td><td rowspan="7">내적</td><td rowspan="3">생동 공간</td><td>문화와 예술이 토대다</td><td></td></tr>
<tr><td>지역의 아이덴티티가 존재한다</td><td>기획공간이기에 지역의 문화적 특징은 없다</td></tr>
<tr><td>다양한 커뮤니티가 존재한다</td><td>관광 프로그램으로 연동</td></tr>
<tr><td>제3의 공간</td><td>(개인적) 문화 향유를 할 수 있다</td><td></td></tr>
<tr><td rowspan="3">내적 관용 (=다양성)</td><td>접근성이 용이하다</td><td>교통 불편</td></tr>
<tr><td>인구(외국인 수) 계층이 다양하다</td><td>창조 인재 거주</td></tr>
<tr><td>지역민의 태도</td><td></td></tr>
<tr><td rowspan="3">외적</td><td rowspan="3">생동 공간</td><td>자생적(자연발생적)으로 생겨났다</td><td>정부 주도로 파주출판단지 형성</td></tr>
<tr><td>거리문화가 있다</td><td>어린이책잔치, 파주북소리 등 도서전 개최</td></tr>
<tr><td>지역(마을) 내 가까이에 존재한다</td><td>지역과 거리가 먼 곳에 위치</td></tr>
</table>

			분석 지표	파주출판단지 특징
적용	외적	제3의 공간	(상호적) 문화를 서로 공유하는 커뮤니티, 프로그램이 있다	다양한 파주출판단지 프로그램 확대
		외적 기술 (=환경)	창조적 공간이 있다	복합문화공간 등 다양한 시도
			창조적 활동을 촉진하는 환경(사회적 제도)이 있다	출판과 관련된 학교 운영
			전체 공공 지출 중 예술 및 문화 부문 지출 비중	정부 지원이 크다
			자발적 참여를 촉진하는 환경에 대한 평가	주변에 헤이리예술마을이 있다
	주체	생동 공간	지역 주민의 자발적 참여가 있다	파주지역 출신의 해설사들로 파주출판단지 소개
		제3의 공간	(대중적) 문화의 생산자와 소비자가 함께 모여 전달하고 나눈다: 자발적 공유와 소통	출판, 갤러리, 북카페 등 연계
		주체 (=인재)	창조계급 종사자가 있다	출판문화의 다양한 전문가
			문화예술 및 지역의 발전을 위해 강력한 옹호자가 될 수 있는 공동체 리더가 있다	건설위원회(문화예술계 인사들로 구성)

만을 강조하다 보니 지속적인 발전 동력을 얻지 못하고 있다. 특히 파주출판단지는 넓은 부지에 세워진 멋진 건물에 다양한 출판사와 관련 산업이 들어차 있어 수치상, 외견상으로는 큰 성공을 거둔 것처럼 보인다. 그러나 정작 사람이 보이지 않는다. 어떤 도시든 그곳에 살고 있는 사람이 주체가 되어야 한다. 도시나 마을은 사람을 위한 것이지 전시용 작품이 되어서는 지속적인 생명력을 가질 수 없다. 아무리 멋진 시설이 들어선다 해도 심리적 접근성이 낮다면 발전성을 담보할 수 없다. 그 실례로 초기의 세제 혜택과 낮은 지가 등 단물이 빠지자 일부 입주 출판사들의

이탈이 이루어지고 있다는 점을 들 수 있다.

파주출판단지는 지역민인 출판인에게 일하는 곳이지 문화를 재창조, 향유할 수 있는 공간이 되어주지 못했다는 의미다. 대다수 성공한 창조도시들의 일차적 공통점이 바로 지역민의 참여와 활용이 가능한 시설, 행사들을 유치했다는 점에 주목해야 한다. 먼저 지역민을 끌어들일 유인책이 담보되고 나서야 외부인의 관심도 끌 수 있다.

정리하자면 현재 파주출판단지를 보면 지역민의 공동체가 약하다. 즉, 출판 주체들 간의 상호학습, 정보교환, 생산의 분업, 시장경쟁, 혁신 등이 지속적으로 이루어지지 않고 있다. 출판을 둘러싼 사회경제적 활동체계를 제대로 구축하는 것이야말로 출판도시 조성을 위해 협력자들이 앞으로 해야 할 역할이다.

제4장 홍대앞 문화공간의 다양한 사례

1. 홍대앞 문화공간의 형성 배경

문화적 도시재생의 대상지로 국내외 도시재생의 사례를 살펴보았다. 본 장에서는 문화예술을 기반으로 다양한 문화와 인재(Talent)가 있는 홍대앞 문화공간을 예를 들어 분석해보고자 한다.

홍대앞 공간에 대해서는 다양한 측면에서 다수의 연구가 이루어졌다. 대표적인 것으로 도시계획 측면의 이무용,[128] 백경민,[129] 강도원,[130] 등을 들 수 있다.

이무용은 홍대앞 공간을 장소성이라는 관점에서 보고 홍대앞 문화가 그 지역에 미치는 장소성에 대해 연구하였다. 예를 들면 홍대 클럽문화가 홍대 지역 활성화에 어떻게 영향을 미쳤는지에 대한 연구다. 그는 홍대 지역과 대학로는 문화적 특성을 지닌 문화공간으로 많은 사람의 관심이 집중되는 곳이라고 했다. 그러면서 두 장소가 문화산업 클러스터로 성장할 수 있었던 결정 요소에 대해 제시한다.

한편 강도원은 홍대 지역의 장소성이 방문객의 인지와 감정 그리고 행동에 어떠한 영향을 미치는지 검증하였으며, 이 장소성이 방문객을

---

128) 이무용, 「장소마케팅 전략에 관한 문화정치론적 연구: 서울 홍대 지역 클럽문화를 사례로」, 서울대 박사학위논문, 2003.
이무용, 「장소마케팅 전략의 문화적 개념과 방법론에 관한 고찰」, 『대한지리학회지』 제41권 제1호, 한국지리학회, 2006.
이무용, 「도시 브랜드: 장소마케팅을 통한 도시브랜드 만들기-서울 홍대 지역 클럽문화 브랜드개발을 사례로」, 『도시문제』 제42호(460), 2007, 36-45쪽.

129) 백경민, 「문화예술 클러스터를 통한 지역변화 고찰-홍대 지역과 대학로를 중심으로」, 한양대 석사학위논문, 2012.

130) 강도원, 「방문자 특성에 따른 장소성 인식과 행동의도와의 관련성 분석: 홍대 지역을 대상으로」, 고려대 석사학위논문, 2012.

이끌며 지속적인 방문을 유도하여 지역 활성화에 중요한 역할을 하고 있음을 밝혔다. 또한 홍대앞 문화연구에는 김수아,[131] 이동연,[132] 이기형,[133] 옥은실[134] 등이 있으며, 마케팅 및 관광 분야에는 고경모[135] 가 있다.

이무용과 김수아, 그리고 가장 최근 연구 보고서인 서울문화재단 서울문화재단[136]의 선행연구를 바탕으로 홍대앞을 어떻게 바라볼 것인지 정리한 후 홍대앞 문화공간의 변화 과정을 본격적으로 살펴보겠다.

홍대앞의 정의

홍대앞은 일반적으로 홍익대학교 주변 지역 일대를 일컫는 명칭이며, 행정적으로는 서울시의 마포구 서교동, 동교동, 상수동 등을 포함한다. 선행연구에서도 보면 홍대앞의 정의는 다음과 같다.

이무용은 홍대 지역의 공간적 범위는 행정적으로 볼 때 서울시 마포구 서교동(326번지에서 411번지 일대), 창전동(5번지, 6번지, 436번지 일대), 상수동(64번지에서 318번지 일대), 동교동(162번지 189번지 일대)을 포괄하며 면적은 1,372,123m^{2}라고 하였다. 또한 홍대앞의 상당 부분을 차지하고 있는 서

131) 김수아·백미숙, 「서울시 문화공간의 담론적 구성: 홍대 공간을 중심으로」, 서울연구원, 2013.
132) 이동연, 「진정한 독립을 꿈꾸는 문화어소시에이션 자립음악생산조합」, 『플랫폼』 제35호, 인천문화재단, 2012, 48-53쪽.
133) 이기형, 「홍대앞 인디음악문화에 대한 문화연구적인 분석–홍대씬과 클럽문화를 자기기술기와 참여관찰로 접근하기」, 『언론과 사회』 제15호, 성곡언론문화재단, 2007.
134) 옥은실, 「홍대앞 문화들의 변화에 대한 고찰」, 한국외대 석사학위논문, 2009.
135) 고경모, 「문화도시의 장소마케팅 관점으로 본 홍대 지역 클럽문화에 관한 연구」, 홍익대 석사학위논문, 2005.
136) 서교예술실험센터, 「홍대앞 문화예술생태계 활성화를 위한 정책과제 연구」, 서울문화재단, 2015.

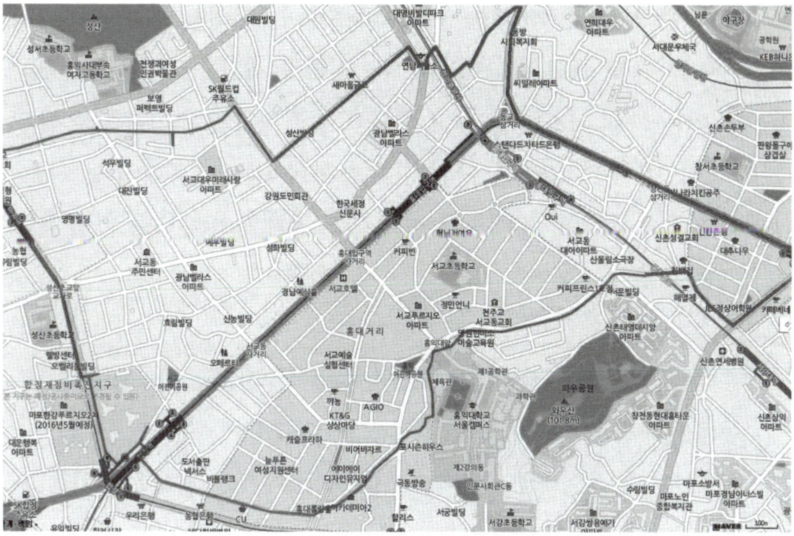

〈그림 4〉 홍대앞 지도

교동은 과거 연희동 쪽에서 흘러내려 오던 개울이 지세가 평평한 이곳에 와서 여러 갈래로 흐르게 되어 자잘한 다리가 많이 생겨 '잔다리(한자로 細橋)'라고 했던 것에서 명칭이 유래되었다. 동교동 지명 역시 망원동 길과 동교동 길 사이의 복개도로 오른쪽에 있는 '윗잔다리'라는 명칭에서 유래되었다. 용산선 철길을 중심으로 좌우에 있는 주택이 윗잔다리다.

김수아[137]는 홍대앞이 1990년대 초까지는 홍익대학교 앞에서 극동방송국까지(피카소 거리)를 의미했으며, 1990년대 초반부터 의미가 확장되어 현재는 서교동, 동교동 일부, 상수동과 연남동 일부까지 포함하는 넓은 의미로 사용되고 있다고 하였다. <그림 4>는 김수아가 다룬 지역을 표시한 것으로, 다른 연구들이 홍대앞을 지하철 홍대입구역의 오른편만 지칭하는 데 반해 왼편의 연남동 거리까지 포괄하고 있는 것이 특징이다.

137) 김수아·백미숙, 앞의 글, 2013.

또 해당 지역을 가리키는 용어로 김수아는 홍대앞, 이무용은 홍대 지역이라는 말을 쓰고 있는데, 장소적, 지리적 개념으로서보다는 홍대를 둘러싼 문화에 더 중점을 두고자 하므로 김수아의 용어를 차용해 홍대앞이라는 용어를 사용했다. 한편, 서울문화재단은 「홍대앞 문화예술 생태계 활성화를 위한 정책과제 연구」에서 홍대앞의 개념을 다음과 같이 설명하고 있다.

> 홍대앞은 서울의 행정 구역상 마포구에 속하고, 서교동, 동교동, 상수동 주민이 사는 곳이며, 좀 더 넓게는 연남동, 망원동 주민이 오가는 동네이다. 또 홍익대학교 앞에 자리한 대학로이기도 하고, 무엇보다 사람 만나러 오는 유흥지거나 관광지 이미지가 크다.[138]

서울문화재단에서 정리한 「홍대앞 문화예술생태계 활성화를 위한 정책과제 연구」에 의하면 초창기 홍대앞에 대하여 이렇게 설명한다. 초창기 홍대앞은 문화 생산자와 소비자가 함께하는 곳이었으며, 순수예술과 대중문화가 동거하는 곳이었고, 작업공간과 유흥공간이 나란히 밀집한 곳이었다. 일상과 축제가 낮과 밤처럼 붙어 있었다. 홍익대학교 학생들의 '학교 앞'이었으며, 원정 온 학생들과 외국 유학생들의 놀이터인 동시에 미대입시를 준비하는 수험생들의 공간이기도 했다. 또한 해외 수입 브랜드의 런칭 공간이며, 동시에 국내 브랜드의 쇼케이스장(場)이기도 했다. 홍대앞을 거주구역으로 둔 이들에게는 삶의 기반이었고, 홍대앞을 유희공간으로 삼은 이들에게는 대상화된 지역이었다.[139]

저자는 서울문화재단의 위와 같은 서술을 참고해 김수아가 제시한

138) 서울문화재단 서교예술실험센터, 앞의 글, 2015, 3쪽.
139) 서울문화재단 서교예술실험센터, 앞의 글, 2015, 7쪽.

범위를 더욱 확대하여 연남동, 망원동 일대까지 포함하는 넓은 개념으로 보았다.

홍대앞의 시기 구분과 변화 과정

홍대앞 문화(문화콘텐츠)에는 어떤 것이 있으며, 이러한 문화(문화콘텐츠)가 살아 있는 문화공간으로는 또 어디가 있을까. 먼저 홍대앞의 역사에 대해 살펴보겠다.

이무용[140] 은 홍대앞의 시대적 특징을 1950~60년대 일반 주거 지역에서 1970~80년대 미술문화 지역, 1990년대 초반 고급카페문화 지역, 1990년대 중후반 클럽문화 지역을 거쳐 2000년대에는 이 모든 것이 중층화된 복합문화 지역으로 발전해왔다고 설명하였다.

〈표 18〉 홍대 지역 장소성 변천[141]

시기	지역 구분	특징
1950~60년대	일반 주거 지역	서교택지조성사업
1970~80년대	일반 대학가 미술문화 지역	홍익 미대(61) 산업미술대학원(72) 작업실(84) 미술학원(86) 산울림 소극장(86)
1990년대 초반	고급카페문화 지역	퍼포먼스 카페(발전소/92) 록카페형 클럽(스카/92)
1990년대 후반	클럽문화 지역	라이브클럽(드럭/94)
2000년대	복합문화 지역	댄스클럽(조커래드/94)

140) 이무용, 「홍대 지역 클럽문화, 그곳에 담긴 욕망과 생성의 문화정치」, 대한지리학회 춘계학술대회, 2005, 18쪽.

141) 이무용, 앞의 책, 2006, 157쪽.

이무용의 표를 살펴보면 홍대앞의 공간 정체성을 대표하는 키워드는 '창조성'과 '실험성'을 주제로 하는 '미술'과 '음악'이다. 이러한 공간 정체성이 형성되는 과정에서 서로 다른 분위기를 지닌 네 개의 역사적·상징적 공간들이 꼴라주처럼 중첩된 복합문화공간으로 변모하였는데, '미술 관련 공간', '고급카페 공간', '언더그라운드 클럽문화 공간', '문화 전문 직종의 사무 공간' 등이다.[142]

1) 미술 관련 공간

홍익대 정문을 중심으로 포진해 있는 수많은 화방과 공방, 미술학원, 미술 전문 서점, 작가 스튜디오, 갤러리 등의 미술공간들은 홍대 미대의 특수성으로 인해 1980년대까지만 해도 홍대앞을 지배하였던 대표적인 경관이었으며, 1990년대 초반까지 홍대앞은 미술 중심의 시각문화가 지배하는 공간이었다.

2) 고급카페 공간

홍대앞이 사회적으로 처음 주목하기 시작한 것은 1990년대 초반 포스트모던 양식의 고급카페들이 등장하면서부터다. 홍대 정문에서 극동방송국, 주차장 거리에 이르는 도로변을 중심으로 이른바 피카소 거리와 카페골목이 형성되던 시기다. 미술학도들과 작가들, 문화예술인들이 드나들던 거리에 우아하고 고급스러우면서 자유로운 카페 이미지가 형성되었다.

142) 이무용, 『공간의 문화정치학』, 논형, 2005, 211쪽.

3) 언더그라운드 클럽문화 공간

1990년대 중반에 들어서면서 홍대앞에 언더그라운드 클럽문화가 형성된다. 이때부터 홍대앞에 라이브클럽(live club), 댄스클럽(dance club)이 하나둘씩 생기기 시작했다. 홍대앞에 라이브클럽이 생기게 된 데에는 역사적으로 대학가의 메카라 할 수 있는 신촌 지역과의 지리적 인접성이 크게 작용하였다. 젊은 층들이 많이 모이던 한국의 대표적인 대학가인 신촌 일대에 1970년대 이후부터 통기타 포크음악을 위주로 하는 라이브카페들이 자연스레 형성되었고 1980년대에는 록카페를 중심으로 록음악이 자주 연주되었다. 그런데 1990년대 이후 록카페가 퇴폐공간으로 언론에 보도되면서 단속의 철퇴를 맞게 된다. 카페에서 라이브 공연이 불법화됨과 동시에 십대 위주의 획일적인 댄스음악이 대중음악계를 지배하게 되면서 신촌에서 록음악 연주자가 설 자리는 점점 사라져갔다.

4) 문화 전문 직종의 사무 공간

1990년대 말부터 홍대앞은 기존 문화공간으로의 흐름과 더불어 또 다른 변화를 겪게 되었다. 이른바 문화산업 관련 전문 직종 사무실이 하나둘씩 이곳으로 몰려든 것이다. 이전부터 존재하던 미술 관련 작업실과 갤러리, 소극장과 더불어 디자인, 광고, 영화, 방송, 사진, 출판, 만화, 패션 등 문화산업 직종들과 전문가들이 넘실거리는 곳이 되면서 홍대앞은 미술과 음악 분야만이 아니라 복합문화지역으로서의 장소성을 지니게 되었다.

이무용이 말한 홍대앞 문화를 근거로 도표화해서 나타내보면 다음과 같다.

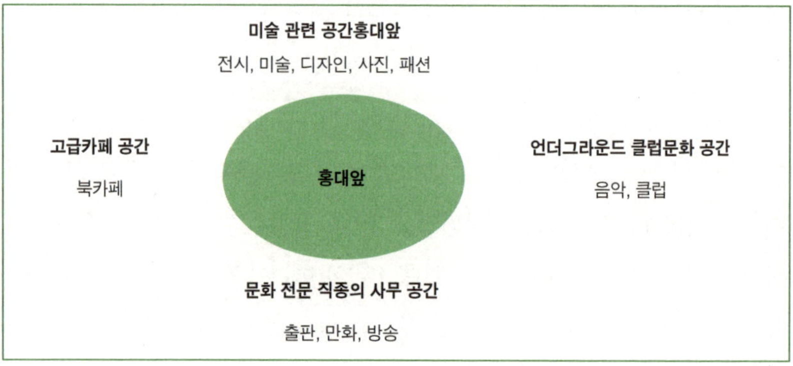

〈그림 5〉 홍대앞 문화

또한 김수아는 홍대앞 문화공간의 주요 변화에 대하여 다음과 같이 정리하였다.

<표 19>를 보면 2005년 카우치의 방송사고가 눈에 띈다. 클럽과 다양한 밴드들로 홍대앞 인디음악이 한창 꽃을 피우고 독창성과 창조성이 한껏 발휘되고 있던 때 우발적 방송사고로 인해 홍대앞 인디음악이 제대로 평가받지 못하게 된 사건이다.

2006년, 홍대앞은 또 다른 큰 변화를 겪게 된다. 바로 정부가 도심재개발을 표명하면서 홍대 지역에 공항철도를 놓기로 한 것이다. 공항철도 공사로 동교동 철도길에 위치한 많은 상가가 철거당할 수밖에 없었는데 소설가 유채림 씨 부부가 운영하는 두리반은 대책 없는 강제철거에 저항하며 떠나지 않겠다고 주장한다. 이 소식을 듣고 주변 홍대앞의 문화예술인이 500여 일간 함께 투쟁했는데, 이 사건은 홍대앞이 상

〈표 19〉 홍대앞 문화공간의 주요 변화[143]

시기	주요 사건	홍대 지역 특성	문화적 특성
1980년대까지	1961년 홍익대 미술대학 설립	주거 지역	소규모 작업실과 갤러리
1000년대 초반	1992년 서울시의 대학가 정비	준주거 지역 신흥 유흥가로 부상	고급화된 카페 록카페 부상 및 단속
1994~1990년대 말	1994년 성수대교 붕괴 1996년 상암지구 포함 마포년 일대 도시개발계획 시작 1998년 라이브클럽 합법화 활동	홍대입구역 부근 상업 지역 확대(근린상업지구)	라이브클럽 댄스클럽 걷고 싶은 거리 조성
2000년대 초반	2002년 이태원 단속 2005년 카우치 논란	상업 지역과 준주거 지역	클럽데이 2002년 문화특구 지정 실패
2000년대 후반	도심재개발사업 활성화		두리반 투쟁 자립음악생산자조합

업화되어가는 과정에서 지역 주민들과 함께 소통하며 삶의 터전을 지켜냈다는 점에서 의의가 크다.

● 홍대앞 연대기

서울문화재단은 앞서 말한 보고서에서 '홍대앞 문화예술생태계를 위한 정책을 수립하기 위해서는 홍대앞의 궤적과 흐름에 대한 이해가 필요하다'며 홍대앞의 인디씬, 클럽씬, 시각예술, 카페, 출판, 디자인 등의 변화와 주된 움직임 등을 종합하여 다음과 같이 홍대앞에 관한 간략

143) 김수아·백미숙, 앞의 글, 2013, 28쪽.

사를 연대기별로 정리하였다.[144]

1) 1980년대까지

1984년에 지하철 2호선 홍대입구역이 개통되었다. 1985년 무렵 홍익대 부근은 신촌, 이대 지역과 다르게 빨간 벽돌 건물이나 단독주택들이 많았고, 홍대 정문을 바라보고 오른쪽으로 현재의 극동방송국 삼거리 부근까지 화실, 작업실, 화방, 서점 등이 존재했다. 1986년부터 현재의 산울림 소극장부터 극동방송국까지 도로를 따라 미술학원들이 서서히 나타나기 시작하였으며 1987년에 카페 '일레트로닉스'가 오픈했다.

2) 1990년대 초반

1992년에 신촌 '우드스탁'이 오픈하였고, 김형태('황신혜 밴드' 리더), 송긍화(조각가), 이영구(조각가)가 공동으로 '발전소'를 열었다. 한편 홍익대 미술대학 학생들을 중심으로 500만 원의 예산으로 '거리미술전'을 개최하였다. 1993년에는 라이브 카페 '락월드'(1993~1997)가 오픈하였고, 1994년에는 하재봉(문학)의 '황금투구', 펑크록의 본산인 '드럭'(대표 이석문, 1994~2003)이 문을 열었으며, 크라잉넛, 옐로우키친, 노브레인 등의 인디밴드가 활동을 시작하였다. 1995년에는 김백기(행위예술가)의 '발전소', '곰팡이' 그리고 '프리버드', '블루데빌' 등의 라이브클럽이 오픈하였고, 테크노클럽인 'M.I'(1995. 6), '조커레드'(1995. 12)가 탄생하였다. 언론에서는 '피카소 거리'라는 별칭으로 홍대 거리를 부르기 시작하였고 외국인들이 많이 방문하는 곳으로 알려지기 시작하였다.

144) 서울문화재단 서교예술실험센터, 앞의 글, 2015, 157-159쪽 재구성.

3) 1994~1990년대 말

1996년에는 현재도 활동 중인 홍익대 동양화과 출신 하성채의 '언더그라운드'(1996. 5)가 오픈하였으며 라이브클럽에서 출발한 '드럭'은 인디레이블로 진화하기에 이르렀다. 최초의 인디 앨범으로 크라잉넛과 옐로우키친의 스플릿 앨범 <Our Nation>이 발매되었다. 한국 인디뮤지션 1세대인 언니네 이발관의 <비둘기는 하늘의 쥐> 앨범이 발매되었으며 기획자 중심의 인디레이블인 '인디'(안이영노, 김종휘 외)가 설립되기도 하였다. 뒤이어 '재머스'(1996. 1), '스팽글'(1996. 8)이 오픈하였고 그 뒤 홍대앞 주변 지역은 점점 주거 지역에서 근린상업 지역으로 용도가 변경되었다. 이에 홍익대 학생회는 홍대 정문 앞 대지의 상업적 개발에 반대하는 '홍익가족 인간띠잇기'를 진행하기도 하였다.

1997년에는 강아지문화예술(고구마, 이한별, 이효찬)에 이현준, 신현준, 성기완이 참여하였으며 개방적 클럽 연대(안이영노, 김종휘, 황옥주 등) 활동도 있었다. 상업적인 거대자본과 유통 시스템으로부터 독립하려는 인디문화 정신이 뚜렷하게 나타났다. 테크노클럽인 '명월관', '마트마타', 여성중심복합공간인 '마녀'가 오픈하였으며 '10만원비디오영화제'(최소원)가 개최되었다.

1998년에는 '스컹크레이블'(원종휘), '카바레사운드'(이성문)에서 푸른새벽, 페퍼톤스 등이 활동하였으며 문화사기단(노브레인 중심)에서 <청춘98> 앨범을 발매하였다. 심철종 연출가의 '씨어터 제로'(1998. 11)가 오픈하였다. 서울시와 마포구가 '걷고 싶은 거리'로 홍대앞을 지정하기도 하였다. 1999년에 '재머스'가 <락닭의 울음소리1>을 발매하였다. 라이브클럽 합법화 운동(1999. 6)이 전개되어 불법으로 규정되며 단속의 대상이었던 라이브클럽이 허용되었다(식품위생법 개정). 부산의 대안공간 '섬' 이후로 시카고 예술대학에서 돌아온 3인이 '대안공간 루프'(서진석 대표)를 오픈하였고 현재 동덕여대 교수로 있는 임산 등이 초기 큐레이터로 활동하였다. 2000년에 '문라이즈 레코드'가 설립되었고 아트스페이스 '휴'(김노암 대표)와 '쌈지스페이스'가 오픈하였다.

4) 2000년대 초반

2001에는 홍대앞 클럽문화의 전국적 확장의 시초가 된 '클럽데이'가 시작되었다(2001. 3). 테크노클럽을 중심으로 제1회 클럽데이가 만들어졌고 클럽문화협회(최정한 대표)가 세워졌다. 한편 카페문화 시대를 연 '비하인드'(2001. 11. 23)가 문을 열기도 하였다. 서울시는 한일 월드컵을 준비하면서 해외 관광객 맞이를 위한 사업을 제안하였다. '독립예술제'(현 서울프린지페스티벌)가 대학로에서 홍대앞으로 축제 및 활동 거점을 옮겼다.

2002년 6월 한일 월드컵을 기점으로 테크노 음악과 클럽문화에 대한 자부심을 가진 클러버들이 참여하던 '클럽데이'는 관광상품화가 되었다. '제1회 한국실험예술제'(김백기 대표), '제1회 국제뉴미디어페스티벌'(김연호 대표)이 개최되었다. 홍대 정문 건너편 어린이 놀이터에서 매주 토요일 '홍대앞 프리마켓'(김영등 대표)이 열리게 되었고, 매주 일요일에는 '희망시장'이 열렸다. 'Bar다'가 오픈하였다(2002. 6).

2004년 '씨어터 제로' 문제를 계기로 홍대앞 상업화 및 개발주의와 관련하여 행위예술가들의 상여 퍼포먼스 및 거리행진이 진행되었다(2004. 3. 22). 대학로, 홍대, 신촌 문화지구 타당성 검토 및 발전 추진이 발표되면서 땅값이 상승하자 건물주가 재건축을 위해 '씨어터 제로'를 내쫓으려 한 사건이 발단이 되었던 것이다. 마포구와 홍익대 환경개발연구원이 공동 개최한 홍대문화지구 공청회(2004. 6. 25) 이후 홍대앞 구성원들은 문화지구 지정을 거부하였다. 이 해에 '파스텔 뮤직'(요조, 타루, 소규모아카시아밴드 등 소속)과 '소울컴퍼니'(힙합 뮤지션 중심의 레이블)가 등장하였다.

5) 2000년대 후반

2005년 서교동 무과수 마트 지하에 디자인 북카페 '이리까페'가 문을 열었다. 김상우 대표가 가파르게 상승하는 홍대앞에서 공동 작업실로 사용하고 생활도 유지할 수 있는 공간을 만들어보자는 취지에서 '이리까페'를 연 것이다. 한편 출판문화와 홍대앞의 대중문화기획을 결합시켜 인문학과 예술과 인디문화가 결합한 생산자 축제를 만들어보자는 취지에서 '제1회 서울와우북페스티벌'(2005. 10, 이채관 위원장)이 개최되었다. '붕가붕가 레코드'가 설립되어 장기하와 얼굴들, 브로콜리 너마저, 눈뜨고 코베인 등이 활동을 시작하였다.

2006년 북카페 '작업실'(김진태)이 오픈하였고, 북큐레이팅에 기반한 커뮤니티 책방 '홍대엽 책방'(2006. 10)이 문을 열었다. 2007년 9월에는 'KT&G 상상마당'이 오픈하였다. 2009년에는 『스트리트H』가 창간되었고, '이리까페'는 상수동으로 이전하였다(2009. 10). 서울시 창작공간 조성사업에 따라 '서교예술실험센터'가 오픈하였다. 2010년에는 서울프린지네트워크(서울프린지페스티벌), 와우책문화예술센터(서울와우북페스티벌), 일상예술창작센터(홍대앞 프리마켓) 등의 사회적 기업화가 진행되었다. 2011년 1월 클럽 간의 수익 배분에 관한 이견과 과도한 상업화에 대한 갈등으로 '클럽데이'가 막을 내렸다. 과도한 상업화에 따른 대책을 강구하자는 취지에서 홍대문화인예술회가 구성되었다. 2012년 1월 리치몬드 제과점이 문을 닫은 것은 홍대앞 상업화로 인한 임대료 상승으로 인해 견디지 못하고 떠난 대표적인 사례로 여겨진다. 2013년 홍대앞 문화예술생태계를 토론하는 라운드테이블 운영(2012~2013)을 통해 '서교예술실험센터 운영위원회'가 구성되었으며, 2014년에는 '홍대앞에서시작해서우주로뻗어나갈문화예술사회적협동조합'이 발족되었다.

● 문화공간의 배경과 맥락

다음은 홍대앞 공간의 변화, 예술가들의 변화, 유입객의 변화, 임대료의 변화 등에 주목하여 홍대앞 문화공간 중심으로 문화공간의 배경과 맥락을 1기부터 6기까지로 나누어 시대 구분을 해보았다.[145]

1) 1기: 조용하고 한적한 낭만적 장소

1985년부터 1991년까지를 1기로 본다. 이 시기에 홍대앞은 연대 앞과 이대 앞에 비해 외진 곳이었다. 빨간 벽돌 건물과 단독주택이 주를 이루었으며 '흙과 두남자' 같은 독특한 카페가 있긴 했지만 미술학원과 작가 작업실들이 주를 이뤄 한적한 느낌을 주는 곳이었다. 상업 공간이 적었기 때문이다.

2) 2기: 대학제도와 예술제도에 대한 반항과 복합문화공간의 실험

1992년부터 1995년까지를 2기로 본다. 압구정, 신촌과는 다른 문화 생산자가 있는 홍대앞은 '발전소', '거리미술전' 등 다양한 시각예술 활동을 중심으로 기존 미술 제도교육에 대한 반발과 저항의 실험실 역할을 했다. 홍대앞 젊은 예술가들은 자유로운 발산과 표현을 통해 다양한 문화적 욕구를 표현하려 했고, 실험적인 공간으로 복합문화공간을 생성해나갔다. 이 시기에 '락월드', '드럭' 등이 생겨났다. 신촌에서는 '우드스탁'(1992. 1)과 '스페이스' 같은 록카페가 번성했는데 소위 <응답하라 1994>와 같은 문화가 최고조에 이르고 있던 때였다. 1995년 '프리버드', '블루데빌' 등의 라이브클럽과 'M.I', '조커 레드' 등의 테크노클럽을 기점으로 신촌(록카페)에서 홍대(클럽)로 문화의 중심축이 이동하기 시작했

145) 서울문화재단 서교예술센터, 앞의 글, 2015, 157-159쪽 재구성.

다. 홍대앞에 외국인, 직장인, 대학생들의 유입이 늘어나고 '야타족'부터 '오렌지족' 등 새로운 세대와 주체들이 모여드는 문화적 상징공간으로 홍대앞 피카소 거리가 떠오르기 시작한다.

3) 3기: 독립문화, 인디정신, 대안공간과 인디레이블이 폭발하던 시기

1996년부터 2000년까지를 3기로 본다. 홍대앞은 문화로 경제 문제를 해결하기를 꿈꿨던 시기이고, 이때 다양한 공간들이 만들어졌다. 인디문화와 인디정신이 확대되고 인디레이블이 만들어졌던 시기이기도 하다. 아마추어리즘, 독립문화에 대한 담론들이 만들어지고 수많은 잡지들이 명멸하던 때였다.

4) 4기: 홍대앞을 대상으로 공공지원이 확대되던 시기

2001년부터 2006년까지를 4기로 본다. '클럽데이' 등을 통해서 고정 수익 환경을 만들고, 축제 형태를 통해서 공공재원 지원을 확보하던 시기이다. 클럽들을 비롯하여 한일 월드컵 이후 홍대앞 상권이 급속하게 확대된다. 상업화 확대와 맞물려서 디자인카페와 북카페 등 다양한 카페들이 만들어지지만 임대료 상승으로 서서히 밀려나기 시작한다. 2002년부터 시작해서 2007년까지는 서서히 발전 속도가 증가하는 시기로 홍대앞 문화의 저항, 타협, 붕괴의 시기이기도 하다.

5) 5기: 홍대앞 상업화의 양적 팽창과 문화생산자 이탈이 시작된 시기

2007년부터 2011년까지를 5기로 본다. KT&G 상상마당에 문화기획 흐름을 넘겨주고 홍대앞의 문화적 창조성이 본격적으로 상업화에 흡수되기 시작한다. 홍대앞의 다양한 문화생산자들이 다른 지역, 다른 장으로 넘어가 생산 공간인 작업실이 합정동, 연남동, 망원동, 상수동뿐 아니라 아예 문래동이나 부천 등으로 떠나기 시작한 것도 바로 이때다. 출판사들의 북카페 전성기이기도 하며, 홍대앞에 프랜차이즈점이 확대되고 권리금이 끝없이 올라간 것도 이때부터다. 경인선 인천공항철도 공사로 두리반 철거(2009. 12. 25) 운동이 진행된 때이기도 하다.

6) 6기: 홍대앞의 새로운 변화와 대안을 모색하는 시기

2012년부터 현재까지는 6기에 해당한다. 홍대앞의 새로운 변화와 대안을 모색하는 때로 볼 수 있다. 인천공항철도가 개통되고 경의선 부지 개발과 관련하여 상업화가 절정에 이르며 대기업 프랜차이즈점이 일반화된 시기이다. 남사모, 그문화, 뮤지션유니온, 예술인소셜유니온, 자립음악생산조합, 홍대앞에서시작해서우주로뻗어나갈문화예술사회적협동조합, 소규모 출판 땡스북스, 디자인출판지구 지정 등의 흐름들이 나타난다.

지금까지 홍대앞에 대해 이무용, 김수아, 서울문화재단 등의 연구결과를 살펴보았는데 각 연구마다 홍대앞을 바라보는 독자적인 시각이 다르다는 것을 알 수 있다. 홍대앞은 주거 지역에 홍대가 생겨나고 홍대 미대가 거리문화를 주도하며 미술문화지역으로 발전하였다. 한편 1994년에 발생했던 성수대교 붕괴사고가 홍대앞의 변화에 큰 요소가 되었다. 성수대교 붕괴 이후 당산철교가 안전 검사에 들어가게 되면서 홍대입구역은 2호선 지하철의 종점이 되었다. 그러면서 사람들이 홍대앞에 몰려 밤늦게까지 즐기게 되면서 홍대앞에 라이브클럽, 댄스클럽, 인디문화가 형성되었고 그때부터 홍대문화라는 것이 더욱 활성화되었다.

그 후 공항철도가 완공되자 공항과의 접근성이 높아져 홍대와 그 인근에 숙박업소인 게스트하우스가 증가하게 되어 홍대앞을 찾는 외국인 여행객들도 점점 늘게 되었다. 게스트하우스는 1997~2000년 사이에 외국인 관광객들이 자주 찾는 관광명소 가까이에 있는 종로와 명동을 중심으로 생겨났다. 하지만 교통의 편리성과 함께 홍대앞의 독특한 거리문화와 클럽문화를 즐기려는 외국인이 늘면서 게스트하우스 중심지가 홍대로 이동하기 시작한다.[146]

특히 기발한 아이디어와 전문성으로 무장한 특색 있는 가게와 클럽, 다양한 주제를 가지고 만든 문화공간이 많다는 점은 사람들로 하여금 홍대앞으로 모이게 하는 원동력이 되었다. 이제는 지방에 사는 젊은 이들은 물론 외국인 관광객들까지 서울을 방문했을 때 빼놓을 수 없는 명소로 자리 잡게 되었다.

문화적 시기로 구분한 홍대앞

이러한 홍대앞 문화를 홍대와 관련된 자료 분석과 현지조사, 현지 인터뷰를 거쳐 세 시기로 나누고자 한다. 우선 홍대 미술대학 중심으로 형성된 시기를 1기, 그다음으로 성수대교 붕괴 이후 인디음악, 공연 등을 중심으로 문화예술활동이 활성화된 시기를 2기, 그리고 공항철도 완공 이후 해외여행자들이 급증하면서 기존과는 또 다른 새로운 문화가 형성된 때부터 현재에 이르기까지를 3기로 나누었다.

146) 홍대앞 게스트하우스에 대한 정확한 통계는 없으나 『파이낸셜 뉴스』이 2012년 2월 기사에 실린 홍대 인근에서 게스트하우스를 운영하는 왕모 씨의 말을 인용해 보면 2007년 한두 곳이었던 이 지역의 게스트하우스가 홍대입구역 주변과 연남동 일대에 급증하기 시작해 뉴스가 나온 당시 50여 개에 육박했다고 한다.

〈표 20〉 문화적 시기로 구분한 홍대앞 3기

	주요 사건	지역 특성	문화공간 특징
1기 (1995년 이전)	1961년 홍익대학교 설립 1992년 서울시의 대학가 정비 1994년 성수대교 붕괴	주거 지역 준주거 지역 상업지구 확대	소규모 작업실
2기 (1995~ 2004년)	1996년 마포구 도시개발 계획 시작 1998년 라이브클럽 합법화 활동 2001년 클럽데이 2002년 월드컵 개최	상업 지역과 준주거 지역	1990년대 후반 라이브클럽과 댄스클럽 1998년 걷고 싶은 거리 조성 인디문화
3기 (2005년~ 현재)	도심 재개발 활성화 2010년 공항철도 홍대입구역 개통 2015년 책거리 조성사업 착공(2016년 완공)	복합문화공간 활성화	2005년 서울와우북페스티벌 시작 2009년 두리반 투쟁 북카페 오픈과 활성화(문학동네 카페꼼마, 창비 인문카페 창비 등), 상업자본 진출(독특한 음식 점이나 카페 외곽 지역으로 이동)

1) 1기(1995년 이전)

1기인 1980년대 말, 홍익대학교가 미술대학으로 특성화되고 난 후 조금씩 나타나기 시작한 변화가 현재 홍대앞 형성에 많은 영향을 미쳤다. 이러한 특성화에 편승하여 미술 입시 학원이 홍대앞에 속속 들어서기 시작했으며 홍대생들은 대학 주변에 작업실을 만들어 지속적인 작업 활동을 했다. 따라서 홍대앞 주변으로는 미술학원과 작업실 그리고 이들에게 필요한 예술 관련 서점과 화방 등이 생겨나면서 새로운 공간을 형성하게 되었다. 또한 젊은 예술가들은 작업실을 바나 카페로 개조해 영업을 하는 등 홍대앞은 상업 지역마저 미술 중심 공간으로 알려지기 시작했다.

1993년 홍익대학교 총학생회 주도하에 홍대 앞을 예술이 흐르는 거리로 만들기 위한 '거리미술제'를 시작했는데 이때부터 홍대 앞에서만 볼 수 있는 독특한 감성이 나타났다. 획일적인 대학 거리 모습의 틀에서 벗어나 다양한 문화를 체험할 수 있고, 독특한 분위기를 맛볼 수 있게 된 홍대앞으로 자유롭고 개방적인 사고방식을 지닌 방문객이 끊임없이 찾아들었다. 필연적으로 홍대앞은 거리미술과 클럽문화, 예술축제의 메카라는 문화적 대표성을 가지게 되었다. 홍대앞에서는 크고 작은 예술축제가 끊임없이 열린다. 서울프린지페스티벌, 한국실험예술제, 거리미술제, 클럽데이 등 다양한 문화 축제들이 생겨났다. 교통이 편리하여 접근이 용이한 데다 인근에 있는 신촌, 이대와 같은 대형 부도심(대도시의 중심지를 벗어나 발전한 버금 중심지. 서울의 영등포 지역 같은 곳) 지역에 비해 상대적으로 임대료가 저렴하여 젊은 예술가들이 속속 몰려들었고 이들은 자신만의 독특한 아이템과 감성을 지닌 다양한 공방과 특색 있는 가게를 열었다. 그 결과 더 많은 젊은 인재들이 홍대 앞으로 몰려들게 되었다. 주말이면 예술가들이 직접 물건을 만들어 파는 벼룩시장이 열리고 한쪽에서는 아마추어 밴드들이 모여 공연을 하고 젊은이들이 클럽에서 춤과 노래를 즐기는 그들만의 문화를 만들기 시작했다. 라이브클럽과 인디밴드의 등장은 홍대앞이 지금과 같이 주목받게 된 또 다른 이유가 되었다.

이른바 홍대앞 문화의 핵심 공간인 홍익대학교 주변은 1990년대 전반까지는 평범한 대학가 이상의 모습을 지니지 않았다. 오히려 이 시기에는 이웃 지역인 신촌이 청년문화를 주도하는 장소였다. 그러나 신촌이 소비 지역으로서 포화상태에 이르고 임대료가 치솟자 소상인들과 세입자들은 다른 지역으로 이주할 수밖에 없었다. 당시 이주자들 가운데는 신촌 지역에서 활동하던 뮤지션들이 포함되어 있었는데, 이들은 자신이 활동하던 신촌에서 멀지 않은 곳에서 음악 활동을 지속하기 위해 홍대앞으로 옮겨갔다.

홍대앞에 라이브클럽들이 생겨나고 융성하게 된 데에는 신촌 지역의 쇠퇴가 직접적인 원인으로 작용하였다. 당시 라이브클럽은 신촌 지역만의 특색 있는 문화였다. 록카페로 통칭되던 라이브클럽은 신촌 일대에서 1990년대 초반에 성업하였다. 1992년 서울시는 대학가를 '건전문화의 거리'로 조성한다는 방침 하에 대대적인 향락 문화 단속을 벌였다. 서울시는 신촌 지역 5개 대학 총장들과 함께 '신촌 지역의 대학문화 중심지역화 공동위원회'를 구성하기도 하였다. 이에 신촌 지역의 록카페와 같은 라이브클럽들이 1992년 단속 이후 절반 이하로 줄어들었는데, 이 라이브클럽들이 상대적으로 단속이 덜했던 홍대 인근 지역으로 이전하게 되었다.[147)]

1993년 신촌에서 이전하는 과정에서 생긴 라이브클럽 '락월드'도 있지만, 홍대앞 역사로 보면 1994년에 생긴 라이브클럽 '드럭'이 최초이다. 1994년부터 생긴 라이브클럽들은 1990년대 후반까지 홍대앞의 문화적 특징을 담당한다. 홍대 인디문화로 통칭되는 음악 문화권이 형성된 것이다. 드럭에서 시작한 인디밴드 크라잉넛, 노브레인(1995)은 홍대 지역의 미술 중심 문화가 음악 중심으로 이동하는 데 큰 영향을 미쳤다. 펑크 록의 산실로도 불리는 드럭은 원래 바였는데, 1995년 4월 5일 커트 코베인 사망 1주년 추모 공연을 자생적으로 개최하면서 라이브클럽 성격을 지니게 되었다. 드럭의 성공 이후, '프리버드', '롤링스톤즈', '마스터플랜' 등의 언더그라운드 공연장들이 홍대 지역에 속속 들어서

147) 「모든 대학가 퇴폐업소 추방·서울시 대대적 정비작업 추진」, 『동아일보』, 1992. 11. 10.

기 시작했다. 이러한 변화에는 1990년 '공동주택 지하층 건축기준 완화' 정책에 따른 지하 공간의 저렴한 임대조건이 영향을 미쳤다. 공연장이 형성되었을 뿐 아니라, 공연을 담당하는 문화 생산자들이 홍대 인근으로 이주하는 변화가 발생한 것이다.

1990년대 후반의 변화를 추동한 것은 댄스클럽의 형성이었다. 인디밴드의 공연을 중심으로 이루어지는 라이브클럽과 달리 댄스클럽은 DJ가 틀어주는 음악을 중심으로 춤을 추려는 사람들이 모인 공간이다. 그러나 이태원과 강남 등지에 형성된 클럽과 홍대에 형성된 댄스클럽은 그 성격이 달랐다. 이무용은 홍대 인근에 형성된 댄스클럽은 그 연원을 미술 작업실에 두고 있고, 인테리어 역시 작업실과 유사했으며, 처음부터 춤을 위한 것이 아니라 작업, 술, 춤이 어우러지는 형태로 발전해왔다고 진단했다.

2000년대 초반 홍대 공간의 문화적 특성을 결정지은 중요한 사건은 클럽데이를 개최한 것이다. 클럽데이는 '매월 마지막 주 금요일에 최초 방문한 클럽에서 티켓을 구매하면 20여 곳의 클럽을 입장료 없이 즐길 수 있는 행사'를 말하는데, 2001년 3월 30일 4개의 테크노클럽이 '홍대 클럽 하나 되는 날(Clubber's Harmony)'이라는 슬로건 아래 첫 행사를 시작한 것이 그 시초다. 향락 소비문화라는 곱지 않은 시선 속에서 존재하던 댄스클럽들이 인기를 누리게 된 것은 2002년 월드컵 영향이 컸다. 월드컵 이후 거리응원 문화를 비롯한 젊은이들의 문화에 대한 관용성이 높아지면서 클럽데이는 2010년대에 이르기까지 크게 흥행하였다. 2011년 수익배분 문제로 잠정 중단되었다가 부활하는 등의 부침을 겪기도 하였다.[148)]

148) 「홍대의 상징 'Club Day' 10년 만에 폐지」, 『캠퍼스라이프』, 2011. 4. 15.

2) 2기(1995~2004년)

2기는 홍대앞 문화가 폭발적으로 발전한 시기이기도 하지만 여러 가지 문제점이 대두된 때이기도 하다. 이는 현재까지도 영향을 미치고 있다. 우선, 1998년 시작된 걷고 싶은 거리 사업은 2000년 기본 설계를 마친 뒤 2002년 홍대입구 전철역 부근이 1차로 완료되었다. 거리를 넓히기 위해 기존 건물들이 철거되고 보도와 차도가 정비되었다. 이 과정에서 홍대 인근의 지대가 대폭 상승하는 결과가 생겼다. '씨어터제로'의 폐관 역시 이 시기의 상징적 사건이다. 씨어터제로는 1998년 개관한 실험예술전용극장으로 서울프린지페스티벌의 주요 공간으로 활용되기도 하였다. 그러나 재개발 바람이 불어닥친 2003년, 새로운 건물주가 퇴거명령을 내리면서 2004년 폐관되었는데, 가수 강산에, 신해철 등 문화예술인 100명이 성명을 내는 등 대항운동을 벌이기도 하였다. 해당 공간은 KT&G가 들어와 상상마당을 개관하게 되었고, 씨어터제로는 2008년 우여곡절 끝에 홍대 인근에 재개관하였으나 2011년 다시 폐관되었다.

3) 3기(2005년~현재)

3기에 들어서는 상업자본이 진출하고 지대가 상승함에 따라 이전까지 홍대앞 문화를 이끌어온 다양한 문화공간들이 상당한 부침을 겪기도 하였지만, 반대로 의미 있는 움직임들이 새롭게 일어나기도 하였다. 2005년 디자인북카페 '이리까페'는 홍대앞에서 공동작업실을 운영하면서 생활도 유지할 수 있는 공간을 열어보자는 취지로 카페를 오픈하여 문화활동을 이어오고 있다. 또한 같은 해 출판문화와 홍대의 대중문화기획을 결합해서 인문학과 예술과 인디문화가 결합한 생산자 축제를 만들어보자는 취지에서 '서울와우북페스티벌'을 열어 지금까지 12회를 맞이하였다. 또한 출판사가 밀집된 지역적 특성을 기반으로 출판사가 운영하는 북카페들이 생겨나 기존의 북카페와 차별화된 운영방식과 다양한 활동을 보여주고 있다는 점도 이 시기의 눈에 띄는 특징 중 하나이다.

2. 홍대앞 문화공간의 유형과 특징

오늘날의 홍대앞 문화를 만든 근간은 갤러리, 작업실, 아트숍 등 미술 관련 문화공간과 라이브클럽, 공연장 등 음악 관련 문화공간이라고 할 수 있다. 그 바탕 위에서 홍대앞 문화는 나날이 다양화되고 상업화되었으며 일률적으로 설명할 수 없는 변화를 수없이 겪어왔다. 이러한 홍대앞 문화의 변화에 따라 현재의 문화공간들이 진화되었으며, 특히 책이나 출판과 관련된 문화공간들도 함께 발전해왔다.

홍대앞 출판 문화공간은 크게 세 가지 유형으로 나눌 수 있다.

홍대앞 출판 문화공간의 첫 번째 유형은 책과 출판 관련 장소로, 최근 몇 년 사이에 새롭게 탄생하여 자리 잡고 있는 북카페와 서점이 이에 해당한다. 두 번째 유형은 학문과 지식 공유의 장으로서의 문화공간이며, 세 번째 유형은 창작과 소통의 장으로서의 문화공간이다. 이 두 유형은 그 자체만으로도 일정한 역할을 하는 문화공간이면서 책이나 출판에 관련된 문화공간의 존재 방식에 대해 시사점을 줄 수 있기에 첫 번째 유형과 관계가 깊다 할 수 있다.

홍대앞 문화공간과 관련된 연구자로는 라도삼(2012), 옥은실(2009), 김수아(2013), 이무용(2006)이 있다. 라도삼은 2005년 9월에 개국한 지역 공동체 라디오 '마포FM', 홍대앞 문화를 다루는 잡지 『스트리트H』, 독립출판서점 '더북소사이어티', 그리고 '염리창조마을' 등을 다뤘으며, 옥은실 라이브클럽과 인디밴드의 등장, 그리고 댄스클럽의 유입이라는 측면에서 홍대앞 문화의 변화를 연구하였다. 김수아는 '홍대 문화공간'이 어떻게 구성되어왔으며 이 공간에서 살아가는 사람들의 문화 정체성은 어떠한지에 초점을 맞추어 연구하였으며, 이무용은 홍대 클럽문화를 장소 마케팅과 문화정치의 관점에서 분석하였다. 또한 이무용은 문화적 요소와 공간이 도시(지역) 내에서 어떻게 활용되어야 하는지 방안을 제시하였다. <그림 6>은 커뮤니티의 활성화 전략으로 도시(지역) 내 혹은 도시(지역) 간을 서로 연계하여 지역 내 '지역믹스전략'을 제시한 것이다.

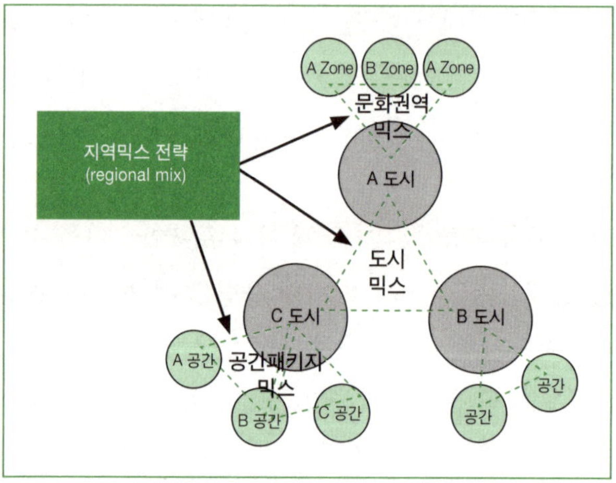

〈그림 6〉 지역믹스 전략[149]

이는 홍대앞이라는 지역과 홍대앞이 가지고 있는 문화적 특성을 홍대앞 문화공간을 통해 지역믹스 전략을 잘 드러낸 사례라고 볼 수 있다. 지역믹스 전략은 지역 내를 활성화시키는 방안이 되며, 또한 한 지역

149) 이무용, 앞의 글, 52쪽.

에 머무르지 않고 다른 지역에도 적용할 수 있다. 홍대앞 문화공간은 지역(도시) 내에서 문화적 역할을 담당하며 문화공간이 지역 내 도시재생에 어떻게 융합되는지 설명해주고 있음을 알 수 있다.

책과 독자, 작가가 소통하는 공간

홍대앞에는 갤러리카페, 음악카페 등 개성 있는 카페들이 다양하게 존재하고 있다. 그중에서 단연 눈에 띄는 것은 북카페라고 할 수 있다. 북카페는 카페에 책을 비치해놓아 책도 읽고 차도 마시는 곳을 말하는데, 2006년에 문을 연 '작업실', 2007년부터 운영되고 있는 '토끼의 지혜' 등 북카페가 많이 몰려 있는 지역으로 손꼽히는 곳이 바로 홍대앞이다. 홍대앞은 국내 유수의 출판사들이 밀집된 곳이기도 하다. 출판사 대부분이 홍대에 집결되어 있다고 해도 과언이 아니다.

여기서 지금까지 간과하고 있던 홍대앞의 또 다른 특성에 대해 이야기하고자 한다. 사실 홍대앞에는 4,000개가 넘는 출판사가 입주해 있다. 출판사 밀집 지역인 홍대앞의 특성을 배경에 깔고 생겨난 북카페들은 단순히 책을 읽는 카페에서 한 단계 진화하여 출판사들이 직접 운영하는 'book+store'의 개념, 즉 책을 읽는 장소에 그치지 않고 판매까지 하는 장소로 탈바꿈하였다. 그리고 이제는 자사의 책을 홍보하며 책과 독자, 작가를 직접 연결하는 소통하는 문화공간으로까지 발전했다. 최근 몇 년 사이에 이러한 성격의 북카페가 급격하게 늘어나 책을 중심으로 한 문화공간으로 하나의 트렌드를 이루었다. 대표적인 예로 창비의 인문카페 창비, 문학동네의 카페꼼마, 후마니타스의 후마니타스 책다방, 위즈덤하우스의 빨간책방 Cafe, 자음과 모음의 자음과 모음, 문학과 지성사의 KAMA 등이 있다.

이 가운데 몇 곳을 살펴보자. 먼저 문학동네에서 운영하는 '카페꼼마'는 문학동네의 저자 미팅 장소로서뿐만 아니라 기업의 문학 행사(동서문학상의 독자와의 만남) 장소로도 자주 이용된다. 1, 2층을 터 벽 한 면을 가득 채운 15단 책장이 고급스러운 분위기를 연출해 행사의 품격을 높인다. 이 카페는 김연아 맥심 CF의 배경 장소로 이용되었을 뿐 아니라 최근에는 잡지와 신문사의 인터뷰 장소로도 많이 활용되고 있어 종종 유명한 배우를 볼 수 있는 홍대 명소 중 하나가 되었다. 홍대입구역 부근에 있는 카페 2호점에는 도서관 책상처럼 혼자 간단한 업무나 작업을 할 수 있는 곳도 만들어놓아 젊은 문화인들의 미팅 장소뿐 아니라 작업 공간으로도 자리 잡았다.

창비의 '인문카페 창비'는 1주일에 두 번 이상 자사 저서를 중심으로 문화 행사를 연다. 행사에는 한 회 평균 80명이 초대되고, 초대된 독자들에게는 무료로 음료를 제공한다. 사실상 운영 수익을 내기보다 독자 서비스 장소로 활용할 목적으로 북카페를 열었다고 보는 게 맞을 것이다.

문학과지성사에서 운영하는 북카페는 'KAMA'이다. 2011년 10월 예술 자료 아카이브 공간 'KAMA'를 만들면서 한쪽에 북카페를 오픈하였다. 각 분야 예술 전문가들의 작품과 공연 자료 50여 점, 문학과지성사에서 발행한 도서 1,000여 권을 전시하고 소설가, 비평가, 화가가 협업으로 전시회를 여는 등 다양한 방식의 다원 예술 행사를 1년에 5~6차례 연다.

또 책을 출판하지 않고 디자인서적을 수입해 판매만 하는 출판사 디자인북은 '북카페 정글'을 운영하고 있다. 1층은 미술과 디자인 관련 서적을 판매하고 2층과 3층은 카페로 이곳 역시 디자인 관련 서적이 가득하다.

이들과는 또 다른 형태의 독특한 북카페가 있다. '후마니타스 책다방'은 카페 공간 안에 출판사가 있어 후마니타스 책다방에 들어가면 카페 한쪽 내부에서 일하고 있는 출판사 직원을 볼 수 있다. 이 출판사는 신간 출간 전에 홈페이지를 통해 강독모임을 알린다. 책이 나오면 함께 강독하고 저자와의 만남도 수시로 연다.

위즈덤하우스 출판사에서 운영하는 '빨간책방' 북카페도 있다. 원래 '이동진의 빨간책방'은 팟캐스트 방송 프로그램이다. 영화평론가 이동진이 2주에 한 번, 본인이 직접 고른 책을 팟캐스트를 통해 소개하는 코너이다. 이 팟캐스트가 많은 독서인들에게 알려지면서, 2014년 합정역 부근에 오프라인 북카페를 연 것이다. 실제 북카페에 가면 한 달에 두 번 이동진이 팟캐스트를 녹음하는 것을 볼 수 있다.

이상의 사례에서 살펴본 바와 같이 출판사에서 직접 북카페를 여는 이유는 첫째, 새로운 책을 홍보하는 장소, 둘째, 충성스러운 독자를 불러 모으는 장소, 셋째, 출판사 편집자들이 저자를 만나는 장소로 활용하기 위해서라고 볼 수 있다. 옆 테이블에 앉은 유명 작가를 목격한다거나 출판사 홈페이지를 통해 북카페에서 열리는 작가들의 강독 모임이나 북콘서트에 참여할 수 있는 등 출판사에서 운영하는 북카페는 독자들에게 다양한 서비스를 제공한다.

물론 이런 북카페가 최근 들어 생겨난 풍경만은 아니다. 지금은 문을 닫았지만 이미 2000년대 초중반부터 출판사 북카페가 존재했다. 예를 들면 홍대앞 놀이터 근처에서 시공사가 운영한 '카페 리브로'를 들 수 있는데 1층에는 카페와 서점, 2층에는 음반매장, 지하에는 예술전문 서적을 파는 '아티누스'가 입점해 있었다.

그런데 최근 들어 많은 출판사들이 공격적으로 북카페를 차리고 직접 운영하는 이유는 무엇일까? 결론부터 말하자면 단순한 커피숍 기능 외에 다양한 문화공간의 기능이 있기 때문이다. 첫째, 책을 진열해놓고 누구나 볼 수 있게 해 그 자리에서 책을 사지 않더라도 차후 자연스럽게 판매로 이어지게 하는 효과가 있다. 둘째, 독자와 저자가 직접 만나 자사 책을 홍보할 수 있는 장소로 활용할 수 있다. 실제로 현재 북카페를 운영하고 있는 출판사들은 장소의 제약 없이 자유롭게 저자와 독자와의 만남을 진행한다. 즉 출판사가 서점이나 매체에 의존하지 않고 자유롭게 독자와 소통하고 이를 통해 잠재독자를 끌어들일 수 있게 된 것이다. 북콘서트, 낭독회 같은 문화행사가 생겨난 것도 새로운 홍보 전략이라고 볼 수 있다.

출판사가 운영하는 북카페 못지않게 최근 주목을 받고 있는 것이 독특한 서점이다. 그런데 여기서 언급하고자 하는 서점은 보통 우리가 생각하는 프랜차이즈 형태의 대형 서점이 아닌 작고 특색 있는 서점을 말하며, 대형 서점에서는 찾아볼 수 없는 독립출판물을 전시하고 판매하는 서점이다. 대표적으로 땡스북스, 유어마인드 등이 있다. 땡스북스는 북카페 형태의 서점으로 책 디자인 작업을 하는 스튜디오도 함께 운영하고 있다. 모든 책을 다 갖추고 있는 것은 아니지만 서점 분위기에 맞추어 선별한 책을 판매하며 책 판매보다는 문화적인 공간, 동네 사랑방 역할을 하는 공간을 지향한다는 점이 특징이다. 유어마인드는 일반 출판사의 책도 취급하지만 소규모 독립출판물을 유통하는 것을 핵심으로 삼고 있는 서점이다. 이 점에서는 먼저 언급한 땡스북스와 구별되지만, 독립출판물 페어를 개최하거나 다큐멘터리 상영회를 여는 등 사람들이 모이는 계기를 만들고 지나치게 상업적이지 않은 공간으로 기능하는 점에서 문화공간이라는 공통점도 지니고 있다고 볼 수 있다.

한편, 홍대앞에 위치한 책과 출판과 관련된 문화공간들을 살펴볼 때 빼놓을 수 없는 것이 있다. 바로 홍대앞 동네 문화 잡지를 표방하는

〈사진 21〉 **문학동네에서 운영하는 카페꼼마**

〈사진 22〉 **창비에서 운영하는 인문카페 창비**

〈사진 23〉 땡스북스 서점

〈사진 24〉 유어마인드 독립 서점(사진제공:유어마인드)

『스트리트H』다. 『스트리트H』는 홍대앞 문화 정보를 소개하는 잡지로 '지역 커뮤니티 활성화와 정보 기록'을 목표로 한다. 홍대앞에서 문화예술 활동을 하는 이른바 문화 생산자들을 취재하여 출판물 형태로 전달하는 매개 역할과 동시에 빠르게 변화하는 홍대앞의 현재를 기록하고 남기는 역할을 한다. 주류 상업 매체에서는 하지 못하는 일을 지역 특수성에 맞게 지속적으로 해오고 있다는 점에서 의미가 있다.

마지막으로 2005년부터 이 지역에서 개최되고 있는 책 문화 축제인 서울와우북페스티벌과 이 사업을 담당하며 책 문화예술 사업의 활성화에 힘쓰고 있는 사회적 기업 와우책문화예술센터도 주목할 만한 대상이다. 와우책문화예술센터는 축제 조직과 더불어 홍대앞의 수많은 출판사와 문화예술단체, 마포구청, 도서관 관련 시설과 연계하여 다양한 책 문화예술 활동을 도모하고 있다. 특히 서울와우북페스티벌을 통해 출판사, 저자, 독자와 지역 주민을 한데 묶어내는 역할을 하고 있다.

학문과 지식을 공유하는 공간

홍대앞 문화공간 중에는 학문 연구와 강좌 등의 활동을 목표로 하는 공간들도 다수 있다. 우선 '다중지성의 정원'은 출판, 강좌, 연구(세미나), 웹진, 블로그 등 다섯 개의 정원이 네트워크 협력 형태로 연결되어 다양하게 활동하는 조직이다. 이곳에서는 대학 같은 시장논리에서 벗어나 구성원들이 서로 배우고 가르치는 수평적 네트워크를 추구한다. 홍대앞이라는 지역적 특성 안에서 강좌, 세미나, 스터디 등을 운영하며 사람들이 모이고 소통하는 공동체적 성격이 강한 것이 특징이다. '아트앤스터디'는 철학, 문학, 고전 등의 온라인 강좌를 운영하는 단체로 최근 오프라인 공간으로 확장하여 다양한 강좌를 기획, 운영하고 있다.

출판사와 연계해 특강이나 학술 모임으로도 공간을 활용하고 있다.

앞의 두 곳과는 조금 다르게 출판사가 직접 설립한 곳으로 '문지문화원 사이'가 있다. 문화예술 관련 대중 강좌와 세미나는 물론, 창작자를 양성하고 창작활동을 지원하는 과정도 있어 다른 곳과는 차별화된 특징을 가지고 있다. 이들 공간은 비록 성격이 조금씩 다르지만, 젊은이들이 모이고 다양한 문화예술이 생산, 유통, 소비되는 홍대앞의 지역적 특징을 기반으로 한다는 공통점이 있다.

한편, 'KT&G 상상마당'은 예술인에 대한 문화예술 창작활동 지원과 일반인을 대상으로 한 문화향유 기회 제공을 목적으로 설립되어 복합문화공간으로 활용되는 곳이다. 특히 3, 4층에 마련된 아카데미 공간은 미디어룸과 강의실 등을 갖추고 일반대중의 예술활동 경험을 위하여 문화예술 중심의 강좌를 운영 중이다. 음악, 영화, 예술 분야뿐 아니라 글쓰기, 번역 강좌도 열리고 있다.

또한 출판, 번역, 기획 및 에이전시를 담당하는 '바른번역'이라는 곳이 있다. 번역가 출신인 김명철 대표를 중심으로 번역가들이 모여 만든 번역집단으로 2007년에 이곳 홍대 앞에 번역가 양성 학원인 바른번역아카데미를 열었다. 일산에서 시작했지만 바른번역아카데미를 열 때는 출판사들이 많은 홍대앞을 염두에 둔 것이다. 실제 번역가들 사이에서 인기 높은 번역아카데미로 자리매김하였다.

출판전문교육기관으로는 '서울북인스티튜트(Seoul Book Institute)'가 있는데, 출판인들이 모여 출판인을 양성하자는 취지로 정부의 지원을 받아 2005년 이곳 홍대앞에 설립되었다. 예비 출판인 양성 코스뿐 아니라 현직 출판인들을 위한 다양한 역량 개발 프로그램이 있다. 출판예비학교는 2006년 첫 졸업생을 배출한 이래, 지금까지 400여 개의 출판사와 200여 명의 교수진의 노력으로 500여 명의 신규 출판인을 양성하였다.

또한 현직 출판인들이 역량을 강화하기 위해 이곳에서 출판 전문 강좌를 듣기도 한다.

이들 공간은 책 또는 출판과 관련이 많은 곳이지만 직접적인 관련이 적다 하더라도 출판업이 집중된 홍대앞과 잘 어울린다. 또한 인문학, 글쓰기, 번역 등의 강의가 독서활동과 연결되기도 하는 등 지간접저 영향을 주고받고 있는 곳이라 볼 수 있다.

예술창작을 위한 공간

앞에서 살펴본 두 유형의 문화공간들과 달리 서울시 창작공간 사업의 일환으로 문을 연 문화공간으로 '서교예술실험센터'와 '연희문학창작촌'을 살펴볼 필요가 있다. 두 곳 모두 현재 서울문화재단의 위탁을 받아 운영되고 있다.

2009년 6월에 개관한 서교예술실험센터는 홍대앞 대표 문화예술공간으로, 처음부터 홍대앞의 문화자원을 활용한 예술창작활동을 지원하는 데 목적을 두고 운영되고 있다. 또한 마포구가 소유한 옛 동사무소 건물을 활용하고 있을 뿐 아니라, 서울시가 민관 협력이라는 새로운 운영 체제를 도입하여 탄생시킨 곳으로 크게 지역예술 활성화와 창작활동 지원이라는 두 가지 목표를 가지고 운영되고 있다. 서울시 예산으로 운영되는 곳인 만큼 공공영역의 역할과 지역 주민의 소통공간이라는 측면이 크다. 이곳의 특징 중 하나는 지역 주민을 아우르는 문화 생산, 향유 프로그램을 운영한다는 점인데 이를테면 예술영역의 주민센터 같은 역할을 지향하고 있다 하겠다.

연희문학창작촌은 서교예술실험센터와 마찬가지로 서울시에서 설립한 창작공간으로 문학 집필을 위한 공간이다. 2009년 11월에 연희동의 옛 시사편찬위원회 자리에 들어섰으며 문학창작활동 지원을 핵심 사업으로 하고 있다. 그러나 연희문학창작촌은 작가들만의 전용 공간이 아니라 문학 강좌를 통해 시민들에게도 열려 있으며 엄밀히 말하면 홍대앞 문화공간과는 약간 성격이 다르지만 문학 전용 창작공간이자 시민들을 위한 문화공간이라는 의미도 지니고 있어 서교예술실험센터와 함께 참고할 만하다.

서교예술실험센터는 문화예술을 지원하는 곳이다. 연희문학창작촌의 경우 주로 예술 창작자 및 문학 창작자들의 활동을 지원해주고 있는 데 반해, 서교예술실험센터는 '와우책문화예술센터' 등 책문화를 홍대역 부근의 거리축제로 끌어들이려는 사업도 지원하고 있다. 이와 같이 서교예술실험센터는 홍대앞 문화의 매개자로서 새로운 문화콘텐츠 생산 및 지역문화 생태계를 이어주는 네트워크 역할을 지향하고 있다.

하지만 국가의 지원만으로는 문화를 일으키기가 쉽지 않다. 여기에 실질적으로 책을 만드는 출판사들의 적극적인 협력이 더해져야 훨씬 효과적이고 생동감 있는, 지역 주민을 아우르는 지역문화를 형성하는 힘을 얻을 수 있을 것이다.

3. 비산업적 도시재생과 홍대앞 문화공간

홍대앞 문화공간 현황

도시재생 속에 나타난 산업화의 가장 큰 문제는 인간소외 현상이다. 앙리 르페브르도 인간의 삶에 초점을 맞춰 인간소외 문제를 다뤘다. 공간 문제를 사회과학적 시각으로 바라보고 인간소외 문제는 일상의 '소외' 문제에서 비롯되었다고 해석하고 도시공간을 다시 설명하였다. 르페브르의 영향을 많이 받은 지리학자 데이비드 하비도 도시 철거민의 발생과 도시공간에서의 착취, 차별, 소외 문제를 인식하고 도시 문제에 적용하고자 하였다.[150]

도시재생의 산업화로 인해 놓친 가장 큰 문제인 사람들의 소외감이 얼마나 해소되었는지, 사람들의 삶의 질은 어떤지와 같은 비산업적 관점에서 들여다봐야 한다. 한국에서의 '도시재생'은 도시계획 분야에서 하나의 사업방식이자 유형으로 진행되어 온 산업화가 주목적이었다. 1990년대 이후가 돼서야 도시재생 앞에 문화적 도시재생을 표방하게 되었다. 문화가 도시로 집중되고 도시인의 소득 수준이 향상되면서 라이프스타일이 소비 중심으로 확산되고 도시재생에 있어서도 문화를 담게 되었다. 그러나 실상은 환경이나 문화적 측면을 좀 더 배려하는 도시 정비 정도에 불과했다. 따라서 다시 한 번 문화적 도시재생에 대한 의미를 재고해야 한다. 조명래는 문화적 도시재생에 대해 다음과 같이 말하였다.

150) 데이비드 하비, 한상연 역, 『반란의 도시』, 에이도스, 2006.

문화적 도시재생이란 도시경제와 삶을 풍요롭게 하는 도시의 경쟁력이 되는 브랜드 이미지로 남도록 하기 위해서는 (문화란 언어를 매개로 하여 촉진되는) 창조적 상상력을 가지고 살아가는 생활관계와 일상문화가 구축되어야 한다. 이것이 가능하기 위해서는 도시 전역에 공공의 문화 인프라가 다양하게 구축되고, 이를 통해 도시의 일상주체들이 새로운 문화를 지속적으로 만들고 나누는 일상문화 공동체가 형성되어야 한다.[151]

조명래는 문화적 도시재생을 문화가 일상 속에 구축되고 이를 통해 일상 주체들이 새로운 문화를 지속적으로 만드는 공동체가 형성되어야 한다고 보았다. 향후 문화적 도시재생은 그 지역 속에 공동체가 형성될 수 있도록 그 도시의 지역적 특성을 살린 재생이어야 하며 여기에 '비산업적인 가치'가 부각되어야 한다.

비산업적 가치는 산업을 넘어서는 가치를 말한다. 비산업적인 가치는 인간 삶의 목적인 소통의 생동공간을 말한다. 따라서 소통의 생동공간은 창조계급의 사람들로 북적거리는 홍대앞 거리와 연관 지을 수 있다. 거리문화는 창조계급에게 필요한 문화이다.

플로리다는 창조계급은 창조도시를 주도하는 세력이라고 주장하였다. 또한 창조도시에 필요한 요인들은 폭넓은 노동시장, 생활양식, 사회적 교류, 다양성, 진정성, 정체성, 지역의 특질이라고 주장하였다.[152]

도시공간의 형성과 전개 속에는 도시의 다양한 주체(정부, 기업, 시민, 소비자, 여성, 소수자, 노인 등) 사이에 개별 공간의 생산, 소비, 이용, 전유 등을 둘

151) 조명래, 「문화적 도시재생과 공공성의 회복: 한국적 도시재생에 대한 비판적 성찰」, 『부산발전연구원 주관 '공공예술·건축·디자인' 세미나 발제문』, 2010.
152) 리처드 플로리다, 이길태 역, 『신창조계급』, 북콘서트, 2011, 294-295쪽.

러싼 문화적 의미와 해석의 대립 및 갈등이 발생한다. 생산자와 소비자와의 관계, 거주민과 상가주인들과의 이해 및 대립 또한 나타난다. 여기서 발생하는 것 중 하나가 공공성 문제다.

조한상에 의하면 "공공성이란 무엇보다 시민, 공공복리, 의사소통이라는 세 가지 개념을 핵심적인 요소로 담고 있다"고 한다.[153]

공공성의 요소인 시민은 도시재생의 주체와도 이어진다는 의미다. 따라서 도시재생이 도시의 공공성을 담보하는 공유의 과정으로 이루어지기 위해서는 시민(주체)이 있어야 한다.

여기서 주체란 문화 생산자와 문화 소비자 모두를 망라한다. 양자 모두 자신의 도시가 창조적 도시로 거듭나는 것을 돕는, 즉 도시의 공공성이란 범주 속에서 각자의 창조적(생산과 소비) 역할을 수행하는 자의식적 주체들이다. 이러한 창조적 문화계급이 없으면 문화적 도시재생은 자칫 단순한 문화산업도시나 문화관광도시로 전락하게 된다.[154] 도시를 문화적으로 재생시키는 데 대한 기여 측면에서 양자가 구분되지 않는 이유다. 따라서 생산과 소비를 담당하는 주체자들 역시 문화적 도시재생의 중요한 요소가 된다.

파주출판단지 내에 만들어진 '지혜의숲' 사례를 예로 들어보자.

지혜의숲은 출판도시문화재단이 20여만 권의 책을 전시하는 아시아출판문화정보센터 내 1,176평 공간을 일컫는다. 하지만 24시간 시민개방이라는 신개념 도서관인 이곳이 진정 문화적 공공성을 띠고 있는지에 대해서는 의문점이 남는다. 사람들이 이용할 수 없는 책장 높이에, 분류도 하지 않은 채 쌓아놓은 책들이 시민을 위한 것인가에 대해 생각해볼 필요가 있다.

---

153) 조한상, 『공공성이란 무엇인가』, 책세상, 2009, 9쪽.
154) 조명래, 앞의 글, 2010.

또 하나 지적하고 싶은 것은 젠트리피케이션(Gentrification) 문제다. 젠트리피케이션이란 도시에서 비교적 빈곤 계층이 많이 사는 정체 지역(도심 부근의 주거 지역)에 저렴한 임대료를 찾아 예술가들이 몰리게 되고, 그에 따라 이 지역에 문화적·예술적 분위기가 조성되고, 결과적으로 도심의 중산층·상류층들이 유입되는 인구 이동 현상이다. 그 결과 빈곤 지역의 임대료 시세가 올라 지금까지 살고 있던 사람들(특히 예술가들)이 살 수 없게 되거나, 지금까지의 지역 특성이 손실되는 경우가 발생한다.

1980년대만 해도 홍대앞 인근의 임대료는 낮은 편이었다. 홍대앞으로 젊은 예술인이 몰렸을 당시에는 미대생과 젊은 작가들이 이러한 공간을 작업실로 활용했고, 이 때문에 홍대 인근에서는 108작업실(100만 원 보증금 월세 8만 원), 208화실(200만 원 보증금 월세 8만 원)이라는 말이 유행했다. 이러한 작업실들은 대체로 상권이 이루어진 지하철 근처가 아닌, 현재 상수동 카페 골목 근처나 미술학원 거리를 중심으로 형성되었다.

1994년 성수대교 붕괴는 지리적으로 홍대앞 문화공간을 활성화시킨 계기가 된다. 성수대교 붕괴로 인해 한강의 교량에 대한 안전점검이 시행되면서 당산철교가 보수에 들어가 지하철 2호선이 강남과 강북을 잇는 기능을 상실하게 된다. 결국 홍대입구역(2호선)이 강북 지역의 종점이 되면서 사실상 유흥공간의 종점 역할을 하게 된다. 동시에 압구정의 소비문화가 홍대입구역 부근으로 옮겨오게 되는데, 이렇게 된 이유는 이러한 교통 상황과 더불어 소비문화에 대한 대대적인 단속에 따라 비교적 단속이 덜한 홍대앞으로 모였기 때문이다.[155)]

1994년 말 역세권 개발정책이 본격화되면서 마포 인근 지역의 부동산 상황에도 큰 변화가 생겼다. 역세권 개발이 진행되면서 주거 지역

155) 이무용, 앞의 책, 2006, 156쪽.

은 준주거 지역으로 용도 변경이 되고 상업 지역이 확대되었다. 이러한 맥락에서 홍대 부근에서도 용도 변경이 진행되었고 상가 지역이 확대될 수 있는 가능성이 높아졌다.[156]

홍대앞이 인기를 얻게 되자 경쟁력이 없거나 특색이 없는 가게는 더 이상 살아남을 수 없게 되어 더욱 특이하고 개성 있는 거리로 발전하게 되었다. 하지만 이 때문에 홍대 지역의 임대료가 상승하게 되어 여러 가게들이 폐업하는 사례도 증가하였다.

이러한 이유로 최근 젠트리피케이션 문제가 커지고 있다. 홍대앞의 문화공간의 지속성과 함께 젠트리피케이션 또한 같이 논의해야 할 문제다.

홍대앞 문화공간의 진단과 평가

지금까지 홍대앞을 대상으로 비산업적 도시재생을 논하였다. 여기에는 앞서 2장에서 분석한 분석 틀을 사용하여 홍대앞 문화공간에 대입하여 다음과 같은 결과를 도출해내었다.

홍대앞 문화공간을 생동공간 면에서 분석하면 지역 주민들의 자발적 참여가 높아 자생적이고, 문화예술(책문화)을 토대로 한 지역임을 입증할 수 있다. 그중 출판사에서 운영하는 북카페라는 출판문화공간은 타 지역에 비해 상당히 많은 편이지만, 자사 도서의 홍보라는 일차적 목표가 너무 뚜렷한 탓에 자생적 소통공간이라고 해석하기는 어렵다.

'제3의 공간' 면에서 보면 홍대앞 북카페에 오는 주체자들은 커피를 소비하면서 출판사에서 운영하는 다양한 프로그램을 향유한다. 그

156) 김수아·백미숙, 앞의 글, 2013, 222쪽.

〈표 21〉 홍대앞 문화공간 분석

구분		내용	인터뷰	현지 조사	대중 의견	전문가 의견
생동 공간	내적	문화와 예술이 토대다	◎	◎	◎	◎
		지역의 아이덴티티가 존재한다	◎	◎	△	◎
		다양한 커뮤니티가 존재한다	◎	◎	○	◎
	외적	자생적(자연발생적)으로 생겨났다	◎	◎	○	◎
		거리문화가 있다	◎	◎	○	○
		지역(마을) 내 가까이에 존재한다	◎	○	○	○
	주체	지역 주민의 자발적인 참여가 있다	◎	○	△	◎
제3의 공간	내적	(개인적) 문화 향유를 할 수 있다	◎	○	○	◎
	외적	(상호적) 문화를 서로 공유하는 커뮤니티, 프로그램이 있다	◎	○	○	◎
	주체	(대중적) 문화의 생산자와 소비자가 함께 모여 전달하고 나눈다: 자발적 공유와 소통	◎	○	△	◎
창조 도시 3T 이론	인재	창조계급 종사자가 있다	○	◎	△	◎
		문화예술 및 지역 발전을 위해 강력한 옹호자가 될 수 있는 공동체 리더가 있다	○	○	△	◎
	기술	창조적 공간이 있다	○	○	○	◎
		창조적 활동을 촉진하는 환경(사회적 제도)이 있다	○	○	△	○
		전체 공공 지출 중 예술 및 문화 부문 지출 비중이 높다	○	○	○	○
		자발적 참여를 촉진하는 환경에 대한 평가가 높다	○	○	○	○
	관용	접근성이 용이하다	◎	○	◎	◎
		인구(외국인 수) 계층이 다양하다	○	○	○	◎
		지역민의 태도 참여가 높다	○	○	○	○

렇지만 서로 나누고 공유한다기보다는 출판사의 일방적인 프로그램을 전달받을 뿐이기 때문에 상호 교류가 이루어지는 일은 흔치 않다. 출판사가 독자와 나누고 공유하는 과정을 통해 문화를 확대·생산할 수 있을 때 진정한 제3의 공간으로 도약할 수 있을 것이다.

창조도시 면으로 봤을 때 홍대앞은 출판사 밀집지역으로 출판문화 종사자들이 자연스럽게 모여들어 거주하고 있다. 2005년 1백여 출판사가 설립기금과 기부금, 한국독서진흥원의 지원금을 모아 세운 출판전문교육기관 SBI(서울북인스티튜트)가 파주출판단지 대신 이곳에서 자리 잡은 것도 그러한 이유에서일 것이다. 출판인 연합 기관이 있음에도 불구하고 홍대앞의 출판문화를 이끌 강력한 리더가 출현할 움직임은 미비하다. 그렇지만 마포구가 '책의 도시'를 표방하면서 크고 작은 도서관 설립을 지원하고 있고, 음악과 미술 등 홍대앞의 다른 예술 분야와의 연합 활동을 자주 시도하고 있으며, 공항철도가 생긴 이후 외국인 관광객을 위한 게스트하우스가 많이 생겨나는 등 갈수록 접근성이 높아져서 홍대앞은 앞으로 대표적 창조도시로 나아갈 가능성이 매우 높다.

분석 틀을 통해 본 홍대앞 문화공간을 비산업적 도시재생 관점에서 보면 다음과 같은 특징을 도출할 수 있다. 비산업적 도시재생의 특징인 자생성, 문화예술성, 대중성, (창조적) 인재 네 가지로 정리할 수 있으며, 이 네 가지를 비산업적 도시재생을 위한 문화적 지표로 삼는다.

이러한 특징을 바탕으로 홍대앞의 지역적 특성과 사람들, 주변 환경의 특성을 정리하면 다음과 같다.

첫째, 홍대앞은 거리적 접근성이 높다. 2호선과 공항철도, 경의선 철도가 만나는 곳이라 외국인 관광객이 폭발적으로 늘고 있고 중국인 마을도 형성되어 있어 외국인 관광객이 폭발적으로 늘고 있다. 다양한 문화가 유입되어 어우러지는 장(場)인 것이다. 또한 문화적 접근성도 높

〈표 22〉 비산업적 도시재생의 특징

지표	지표 내용
자생성	- 자생적(자연발생적)으로 생겨났다 - 지역 주민의 자발적인 참여가 있다
문화예술성	- 문화와 예술이 토대로 되어 있다 - 지역의 문화적 특성이 있다
대중성	- 문화적(거리적) 접근성이 높다 - 다양한 커뮤니티, 프로그램이 존재한다
(창조적) 인재	- 창조계급 종사자가 많다 - 문화예술 및 창조적 활동에 기여하는 리더가 있다

다. 다시 말해 대중적이다. 다양한 커뮤니티, 프로그램이 존재하기에 문화를 향유할 수 있는 공간이 많다.

2015년 12월 인문카페 창비는 망원역 근처로 북카페를 이사했다. 이유는 접근성 때문이었다. 2012년에 문을 연 인문카페 창비는 홍대역과 합정 사이에 위치하고 있었다. 다른 출판사의 북카페와는 다르게 창비출판사는 창비 아카데미 강좌가 많다. 대부분 강좌는 저녁에 많이 여는데 아무래도 지리적 고민을 하지 않을 수 없었다고 한다. 왜 파주에는 북카페와 아카데미 강좌를 열지 않느냐는 질문에, 누가 그곳까지 저녁 늦게 아카데미 강좌를 들으러 북카페에 오겠냐며 오히려 반문하였다. 이런 면에서 볼 때 홍대앞은 거리적 접근성도 우수하고 문화적 대중성도 뛰어난 곳이라 할 수 있겠다.

둘째, 홍대앞은 문화예술성을 가지고 있다. 홍대앞이 이토록 문화예술 토대가 탄탄한 것은 홍익 미대를 겨냥한 미술학원이 몰려들었고, 신촌 상권의 몰락으로 인디음악 클럽들이 밀려왔으며, 영세한 작은 출판사들이 월세 싼 곳을 찾아 들어왔기 때문이다. 미술인, 음악인, 출판인들은 다양한 교류를 쌓으며 문화를 함께 향유하고 공유하고자 했고 그러한 노력이 모여 홍대앞이라는 새롭고 독특한 문화를 일구었다. 그 사이 문화예술 종사자들은 차츰 홍대앞으로 둥지를 옮겨오게 되었다.

셋째, 홍대앞은 자생적으로 생겨났다. 파주출판단지는 계획도시인데 비해 홍대앞은 문화적 토대가 축적되어 자연스럽게 형성된 지역이다. 문화를 이루는 주체와 객체가 혼재된 문화공간이 많다. 음악과 미술은 물론 출판까지, 문화예술을 토대로 창조 활동을 향유하고 공유하는 공간이 곳곳에 펼쳐져 있다.

넷째, 홍대앞은 문화예술과 관련된 사람들이 많다. 미술, 음악 또 출판인도 포함된다. 창조도시론에서 주장하는 사람 중심의 인재들이 몰려 있는 곳이며, 르페브르가 주장한 문화예술 중심의 지역적 토대 위에 살아 있는 생동공간이다. 여기에 커뮤니티를 목적으로 한 다양한 문화공간은 홍대앞의 지속 가능한 모델을 제시해주고 있다.

최근 홍대앞을 중심으로 마포구 '문화예술관광 체험 비즈니스모델 구축사업'을 추진한다는 방안도 나오고 있어 홍대앞 발전 가능성이 더욱 기대된다.[157] 홍대앞 문화가 발전하면서 그에 따른 문제점도 생겨났는데 이에 대한 해결책의 일환으로 문화예술관광 체험 비즈니스모델 구축사업의 새로운 모델로 제시한 것이다. 홍대앞 문화가 풍성해지면서 관광지로서도 확실하게 자리 잡게 되었지만 임대료 상승으로 임대차인이 쫓겨나는 문제가 발생하자 마포구는 홍대앞의 젠트리피케이션 해소를 위해 지역예술인, 민간단체, 사회경제 조직들과 손잡고 홍대앞 인적 자본을 기반으로 하는 '문화예술관광 체험 비즈니스모델 구축사업'을

157) 「홍대앞 문화 중심 대안 관광 개발 추진 '젠트리피케이션' 해소 실험」, 『경향신문』, 2015. 8. 25.

추진한다고 발표했다. 기관이나 거대 상업단체가 아닌 홍대앞 지역문화예술인들이 주체가 돼서 그동안 '장소'나 '쇼핑'에 초점이 맞춰진 관광에서 앞으로는 문화예술 인적자원과 관계성에 기반한 대안관광으로의 변화를 꾀하고 있다.

또한 2015년 4월 지역사회 문제 해결을 위해 홍대앞 상인, 문화예술인과 마을생태계 전문가로 구성된 '잔다리문화예술마을기획단'이 발족했다. '잔다리문화예술마을기획단'은 홍대앞 지역상권 활성화와 상인·문화예술인 상생을 위한 합동 워크숍 및 문화예술제를 개최하는 등 지역 사회문제에 대해 주민 스스로 해결방법을 찾기 위해 노력하고 있어 눈길을 끌고 있다.[158)]

한편 실제 이 지역을 위해 일하는 사람의 말을 들어보면 젠트리피케이션보다 더 어려운 점은 다양한 주체 간의 소통이라고 한다.

백종배 잔다리문화예술마을 기획단장은 "지금 주민들이 나서지 않으면 홍대앞은 과거 고유의 문화를 가지고 번성했으나 현재는 퇴색해가는 신촌처럼 될 것"이라며, "가장 중요한 것은 임대인과 임차인이 소통을 통해 공감대를 형성하고 상생할 수 있는 길을 모색해야 한다"고 말했다.

지역민의 문화예술 사업을 지원해주는 서교예술실험센터의 담당자는 젠트리피케이션과 소통문제에 대하여 이렇게 말했다.

---

158) 또한 마포구(구청장 박홍섭) 서교동은 이러한 젠트리피케이션 문제를 공유하고 해결해보고자 2015년 11월 26일 마을에서 활동 중인 '잔다리문화예술마을기획단'이 주관해 포럼을 개최하기도 하였다. (『헤럴드경제』, 2015. 12. 3. 기사) 포럼 참여 대상은 지역사회 문제에 관심을 가지고 있는 지역 주민, 상인, 마을생태계 전문가 등 총 70여 명으로 홍대앞 사람들과 문화예술인을 보호할 수 있는 해법 찾기가 주목적이었다. 젠트리피케이션의 해소 방안 정책으로 발표된 상가건물 임대차보호법, 상가임차인 보호를 위한 조례안 제정 등이 소개되었다.

"홍대앞을 소개하는 자료를 만들어도 워낙 자주 바뀌다 보니까 1년 뒤에 찾아가면 그 공간이 없어져서 힘들어요. 흔히들 말하는 젠트리피케이션 현상 때문이라 할 수 있죠. 하지만 저는 젠트리피케이션 현상은 당연히 일어나는 현상이라 생각해요. 젠트리피케이션은 비단 홍대앞만의 문제가 아닐 겁니다. 실제 일하면서 젠트리피케이션보다 힘든 점은 소통인 것 같아요. 이곳에 사는 거주민과의 소통뿐 아니라 상가에 있는 상가인, 상가 주인까지 설득해야 한다는 거죠. 이전에 일했던 '연희문학창작촌'과 비교해서 말씀드리면 그곳은 주변 주민들과의 소통에서 문제 된 적이 없었어요. 그런데 홍대앞은 홍대 지역 주민만 있는 것이 아니라 상가 사람들과 상가 주인들과 다 같이 소통이 되어야 하는 어려움이 있어요."[159]

이제는 젠트리피케이션이 왜 생겨났는지에 초점을 맞추는 것이 아니라 이 문제를 어떻게 보완할 것인가 하는 정책이 나와야 한다. 젠트리피케이션 문제는 모든 지역 발전에서 피할 수 없는 현상이다. 프랑스와 미국에서는 문화예술지구의 지가 상승을 막는 임대차법을 활용하기도 한다. 이러한 정책적인 관여가 필요할 때다. 예를 들면 지역을 살리고 많은 관광객들이 올 수 있도록 문화기반을 만들어준 예술가들한테 어떤 혜택을 준다든지, 예술가들이 쫓겨나지 않고 자생적으로 살아갈 수 있는 토양이나 환경을 제공해주는 것이 필요하다고 본다.

홍대 지역민이라 하면 거주민, 상인, 건물주 모두를 가리키는데 홍대앞의 정책적 제안이 이들 모두와 소통되기란 쉽지 않다. 각자의 이해관계가 다르기 때문이다. 이러한 소통 문제를 풀어가기 위해 서교예술실험센터도 그 역할을 해내고 있고, 최근 홍대앞 문화예술계 자치성 획

159) 서교예술실험센터, 김지연 씨 인터뷰, 2015. 9. 14.

득을 목표로 설립된 비영리 민간단체 '홍우주'(홍대앞 우주 조합)를 만들어 서교실험센터에서는 지역민과의 소통에 앞장서고 있다.

『스트리트H』의 장성환 대표도 홍우주 회원으로 홍대앞 문화를 지키는 데 앞장서고 있다. 장성환 대표는 1980년대 후반 홍대 미대에 입학하였는데, 그는 홍대에 대한 애정으로 『스트리트H』라는 지역잡지를 자발적으로 펴내기 시작하였다.

> 홍대에 대한 역사를 지켜나가야겠다 싶어 무얼 하면 좋을까 생각했어요. 90년대 초반부터 홍대가 인디라는 콘텐츠로 일간지, 주간지, 문화잡지 등에 많이 소개가 되었지만 디지털이 아니라 필름 카메라 시절인데다 없어진 잡지도 많아 데이터가 축척되지 못하고 소실되어 홍대의 역사를 기록하는 것이 중요할 것 같다고 생각했지요. 그래서 시작은 가볍게 홍대에 오는 사람한테 정보를 주자는 것이었습니다. 또 홍대앞을 흔히 문화예술 생태계 인디음악의 발상지라고 얘기들을 하는데 정작 제대로 된 자료가 없기 때문에 이것을 모아 기록해야겠다는 생각으로 그럼 가볍게 접근할 수 있는 지역잡지를 만들어보자 했습니다.[160]

장성환 대표 자신도 홍대앞 사람으로 홍대의 정체성을 지키고 싶은 이유에서 『스트리트H』 잡지를 2009년부터 시작하여 지금까지 이어오고 있다. 『스트리트H』에서 H는 홍대앞의 의미도 있고, 사람의 휴먼(H)의 의미도 담고 있는 만큼 이 잡지에는 홍대앞 사람들의 이야기를 담고 있다.

홍대앞 사람을 어떻게 정의내려야 할까. 홍대앞 사람이란 과연 누

160) 『스트리트H』, 정지연 편집장 인터뷰, 2015. 9. 12.

구를 말하는 것일까. 무엇을 기준으로 삼아야 할까. 『스트리트H』의 정의를 빌려서 말하면 홍대앞 사람이란 동교, 연남, 연희 등에 살고 있는 사람들도 홍대앞 사람이고 홍대 쪽에서 문화활동을 하는 사람도 홍대앞 사람이라고 보고 있다. 단지 홍대앞에 회사가 있다는 것보다 여기서 무엇인가 홍대적인 일들을 하고 있는 사람들을 가리켜 홍대앞 사람이라고 한다. 그럼에도 불구하고 많은 사람들이 홍대앞을 음악, 미술의 거리라고는 인지해도 출판의 거리라고 생각하는지는 모르겠다. 출판사는 최근 들어 생겨나는 북카페를 통해 출판 거리 문화를 만들 수 있을 것이다.

유어마인드 이로 대표는 이렇게 말한다.

> "홍대앞에는 출판사가 많습니다. 출판사가 밀집되어 있다는 걸 출판인은 알지만 일반인들에게는 어떤 메리트나 느낌이 없습니다. 출판이나 종이, 디자인이 밀집된 거리라는 걸 서비스 형태로 노출하지 않는다면 일반인은 체감하지 못하죠."[161]

다양한 문화공간이 공존하는 홍대앞에서 책 관련 문화공간 역시 창의적이고 새로운 문화를 창출해낼 수 있다면 기울어가는 출판문화를 확산하고, 활성화할 기회가 될 수 있을 것이다.

---

161) 유어마인드, 이로 대표 인터뷰, 2015. 9. 12.

제5장 홍대앞 책문화공간의 미래

1. 비산업적 문화콘텐츠의 가치

최근 들어서 문화적 가치를 되살리려는 도시재생이 활발히 이루어지고 있다. 그중에서도 홍대앞 문화공간을 소재로 문화적 도시재생 사례를 분석하였다.

문화는 특정 지역에서 살아가는 사람들의 생생한 생활양식 그 자체이다. 다시 말해, 문화는 사람들이 지역 커뮤니티 속에서 일상적으로 경험하고 실천해온 살아있는 혼(soul)이며, 그들이 삶 속에서 부여한 의미체계들이다.

이무용이 말하는 도시재생 속의 문화공간은 사람들의 혼과 정성이 담긴 곳으로 물리적 문화공간이 아닌, 정서적 문화공간이라 볼 수 있다. 정서적 문화공간은 비산업적 도시재생과 같은 맥락이다. 비산업적 도시재생의 핵심 요소 네 가지를 꼽아보면, 대중성, 문화예술성, 자생성, 창조적 인재인데 이들 네 가지 요소를 중심으로 영국의 헤이온와이 헌책방마을, 일본의 츠타야 서점과 이마리 시민도서관을 살펴보자.

헤이온와이 책마을

헤이온와이는 대중성 면에서 거리적으로 볼 때 접근성이 매우 부족하다. 기차가 런던에서 하루에 한 번밖에 운행하지 않으며, 런던에서 자가용으로 가도 꼬박 4시간은 걸린다. 이러한 거리적 제약에도 불구하고 해마다 5월 말 헤이온 축제가 열릴 때마다 세계 각지의 사람들이 이 축제를 즐기기 위해 모여든다. 이러한 점에서 헤이온와이는 대중적인 특징을 가졌다고 할 수 있겠다. 마을을 둘러보는 시간에 비해 정작 오고가는 시간이 더 길지만 그래도 많은 사람들이 찾아온다. 이것은 접근성이 부족함에도 불구하고 이 마을을 찾게 하는 다른 매력이 있기 때문이다. 헤이온와이는 주변에 캠핑 장소도 있고, 숙박시설도 잘되어 있어 이곳에 찾아오는 사람들은 대부분 시간에 구애받지 않고 휴양하러 오는 이들이 많다. 조용한 마을에 와서 바다도 즐기고, 책도 보면서 휴양을 즐기고 있음을 알 수 있다.

헤이온와이 마을이 문화적 도시재생에 성공한 데에는 다양한 요인이 있지만 그중에서도 예술 및 문화발전을 위한 강력한 옹호자인 공동체 리더(리처드 부스)의 역할이 가장 중요했다 할 수 있다. 비산업적 도시재생의 핵심에는 창조적 인재가 존재한다. 리처드 부스는 고향 사람들이 일자리를 찾아 낯선 타지로 떠나지 않아도 되고, 태어나고 자란 익숙한 공간에서 삶의 질을 높여 풍요롭게 살아갈 수 있게 되기를 바라며 1,300여 명 주민들과 함께 헌책이라는 문화 요소를 매개로 지역적 차별성을 지니는 마을을 만드는 데 평생을 바쳤다. 그 결과 헤이온와이는 세계에서 유례를 찾아볼 수 없는 독특한 '책마을'이라는 차별화된 지역문화를 형성하였으며 이를 통해 관광 증대와 지역 발전(연간 50만 명의 관광객이 찾아오고 100만 권의 헌책이 판매되는)이라는 효과를 얻었다.

문화공간 안의 콘텐츠는 과거뿐 아니라 현대까지 관통하는 비산업적 요소를 아우르는 지속적 힘을 가지고 있어야 진정한 가치를 지닌다. 헤이온와이는 '헌책'이라는 문화적 차별성을 잘 살려서 발전해나간 형태다.

헤이온와이는 농촌 자연환경을 보전하면서 지역 특성을 활용한 쾌적한 마을 환경을 만들어 자족적인 경제기반을 구축하고 지역 고유의 정체성을 확보하였다. 지역의 문화적 차별성은 그 지역의 정체성을 강화하고 지속성을 지니게 하는 주요한 요소로 작용한다. 헤이온와이 사람들은 산업화를 넘어서 비산업화를 적극 포용하고 이를 열정과 공동체 의식으로 승화시켰다. 인간 중심, 인간의 삶의 질 향상, 산업화를 넘어 비산업화(지속 가능)가 어우러진 결과이다.

츠타야 서점

츠타야 서점의 성공은 창조적 인재 마스다 무네아키(増田宗昭) 사장의 철학에서 비롯되었다. 그는 츠타야를 흩어져 있던 문화콘텐츠를 한 곳에 모은 플랫폼, 일본 전역의 문화콘텐츠를 재현하는 문화공간으로 구축하겠다는 마인드를 가지고 일본 전역을 대상으로 일본인의 라이프 스타일과 정보를 제안하는 거점을 마련하고자 하였다. 마스다 무네아키는 무엇보다 대중성과 접근성이 중요하다고 판단하여 우선 1999년 일본 최대의 유동인구가 모이는 시부야에 츠타야점을 오픈한다. 이곳에서는 서적 판매뿐 아니라 비디오, 음반까지 대여해주며 게임 소프트를 사고팔 수 있다. 2009년에는 일본 최초의 카페형 서점인 롯본기 츠타야점을 오픈해 세련된 취향을 지닌 문화 향유자들을 공략했다. 마스다는 문화 향유자들을 철저히 분석하여 2011년에는 실버세대인 50~60대를 겨냥한 문화공간으로 다이칸야마에 츠타야 서점을 연다. 마스다 사장은 접근성, 대중성을 고려하고 문화를 향유하는 인간 삶의 질적 추구에 가치를 두고 지역 기반을 문화콘텐츠로 특화해 사람 중심의 새로운 문화를 만들어내고자 했다.

이러한 츠타야 서점의 발전과 성과를 통해 상업 공간일지라도 경영자의 마인드에 따라 일정 정도의 비산업화가 가능할 수 있다는 것을 알 수 있다. 일본의 50~60대는 일명 단카이세대라 불린다. 마스다 사장은 이러한 단카이세대를 겨냥한 다이칸야마점을 오픈하여 사람들이 찾아오게 만드는, 라이프스타일을 아우르는 새로운 유통 모델을 발전시켰다.

한편 마스다 사장은 2015년 5월 신흥 주택지인 후타코타마가와(二子玉川)에 새로운 형태의 서점과 가전제품 매장을 결합시킨 모델을 선보였다. 서점 공간 안에 '라이프스타일을 파는 가전 점포'라는 캐치프레이즈로 다양한 라이프스타일을 제안하는 츠타야 가전을 입점시킨 것이다. 2층으로 되어 있는 이 건물의 1층에는 여행, 디자인, 워크스타일과 관련된 서적을 진열해 판매하고 2층은 주로 전문서적이나 잡지, 외국서적으로 꾸몄다. 높은 천장과 긴 복도 양쪽을 책장으로 가득 메워놓고 양 책장 사이 공간에 조명과 소파, 스툴 등을 설치했다. 고객들은 넓은 공간에 마련된 소파나 테이블에 편안하게 앉아 책을 읽거나 컴퓨터를 할 수도 있고, 심지어 음식까지 먹을 수 있다. 서점 안에는 커피뿐만 아니라 맥주를 파는 곳도 있다.

커다란 카페 안에 명품문구류, 컴퓨터와 주변기기, 그 사이사이 이들 제품들과 연계된 책들이 벽면을 장식하며 그 주변은 개인 서재와도 같이 편안하게 책을 읽을 수 있는 아늑한 공간으로 이루어져 있다. 한마디로 이곳은 가전 판매장, 도서관, 카페, 꽃집, 가구매장, 서점 등이 어우러진 복합문화공간이다.

이마리 시민도서관

일본 규슈에 있는 이마리 시민도서관은 일반적으로 생각하는 도서관 운영과는 조금 다르다. 대다수의 도서관은 정부 주도형이지만 이마리 시민도서관은 민관이 함께 만들어간다는 점에서 지역공동체의 좋은 모델이 되고 있다. 시민들이 9년 동안 자발적으로 '도서관 만들기 추진 활동 모임'을 통해 설립한 도서관으로 설계 단계부터 시민들의 의견이 적극적으로 반영되어 시민들이 원하는 형태의 도서관으로 만들어졌다. 또 하나 주목할 점은 도서관 건립 전에 형성된 모임이 도서관 건립 후에도 명칭을 바꿔 활동을 이어나가고 있다는 점이다. 즉, '도서관 만들기 추진 활동 모임'에서 만든 '도서관 친구 이마리'와 12개의 단체가 도서관 직원들과 협력 관계를 유지하며 이마리 시민도서관의 발전을 이끌고 있다는 점도 주목할 만한 특징이다.

이마리 시민도서관은 지역공동체와 협력하여 생동감이 넘치면서도 진정성 있는 문화발전을 통해 시민들의 가치체계에 끊임없이 영향을 끼치고 있다. 독서 활동을 통해 어린이들의 바른 인성을 키워 건전한 인격으로 성장할 수 있도록 돕고 있으며, 직장인들에게는 사회생활에 필요한 정보와 자료를 적극 지원하여 안정적인 삶의 기반이 되는 경제활동을 돕는다. 도서관을 주축으로 개개인의 성장(자립 자율)과 성숙, 자기실현을 이끌어 결과적으로는 이마리시가 소외당하거나 따돌림당하는 사람이 없는 건강한 도시로 발전해나갈 수 있도록 '사람을 만들고, 마을을 만드는' 역할을 담당하고 있는 것이다. 이마리 시민도서관은 도서관이라는 공간을 주축으로 주민과 협동하여 민관이 함께 노력하여 인간의 삶의 가치를 추구하는 모습이 진정한 문화적 도시재생이자, 앙리 르페브르가 말한 생동공간, 레이 올든버그가 말한 '제3의 공간'임을 보여주고 있다.

인천 배다리역사마을

인천 배다리역사마을이 비산업적 도시재생에 성공한 데에는 다양한 요인이 있다. 그중에서 무엇보다 배다리 주민과 더불어 '인천 지역 시민문화예술 단체와 활동가'들이 배다리역사마을이 인천에 중요한 역사적·문화적 가치를 지닌 곳이라는 인식을 가지고 배다리역사마을의 원형을 지키고 더 발전시켜 나가려 했다는 점을 꼽을 수 있다. 배다리역사마을은 역사적 가치가 높은 공간임에도 불구하고 산업개발로 인해 사라질 위기에 처했던 공간이 공통 가치를 나누는 공동체(배다리 주민과 인천 지역 시민문화예술 단체와 활동가)의 보호 운동을 통해 되살아난 대표적인 예라 할 수 있다.

배다리역사마을은 대중성과 접근성은 다소 떨어지지만 이 지역을 지켜나가려는 창조적 인재들의 자발적 참여를 통해 살아 있는 공간이 될 수 있었다. 주민과 관련 단체, 활동가들은 서로 문화를 공유하는 커뮤니티적 성격을 띠면서, 프로그램을 적극적으로 개발하여 '자생적이고 역동적인 살아 숨 쉬는 마을 만들기'를 추진하고 문화 향유를 통해 주민들의 삶의 질을 높이는 선순환 구조를 창조해나가고 있다. 이들은 겉모습만 그럴듯한 역사문화마을이 아니라 대안적인 삶의 가치와 형태를 생활 속에 제대로 접목하고 습성화하기 위해 노력하고 있다.

창조도시에서는 창조를 일으키는 주체(사람)가 적극 나서서 창조의 바탕이 되는 지역문화를 이끌어야 한다. 이때 사람들은 단순히 산업적

이득만을 위해 모여서는 안 되고 하나 됨을 바탕으로 진정한 공동체로 거듭나야 지속 가능한 도시재생을 할 수 있다. 그래야만 단시일적, 일회성 도시재생이 아닌 지역에 깊이 뿌리내린 문화 도시재생에 성공할 수 있다. 진정한 도시재생은 단지 사람이 많이 살도록 하는 대도시화가 아닌 창의성과 문화가 공존하는 도시로 거듭나야 한다.

도시재생 패러다임의 변화는 그간의 도시재생 사업이 경제적 가치를 우선시하느라 그 안에 살고 있는 사람들을 배려하지 못했다는 반성에서 비롯되었다. 도시의 기능은 건축 구조물이 아니라 공간을 기반으로 삶을 꾸리는 사람들의 관계(소통) 맺기 방식(문화)에서 작용하기 때문이다.

사람들의 소통을 이끌어내는 매개체로서 '책'은 매력적인 문화콘텐츠이다. 일상에서 가까이 접할 수 있을 뿐만 아니라, 소통의 목적이면서 동시에 수단이 되기도 하기 때문이다. 이러한 이유로 책은 '텍스트' 자체만으로도 문화의 바탕이 되기도 하지만, 텍스트가 아닌 다른 문화예술과 연동하여 다양한 커뮤니티(문화공간)를 형성하기도 한다. 도시재생에서 책이 주요 문화콘텐츠가 될 수 있고, 책문화공간이 기회 요인이 되는 이유이다.

그렇다면 문화콘텐츠로서 다양한 속성을 지닌 '책'을 기반으로 탄생한 문화공간들에는 무엇이 있으며, 그 공간들이 문화적 도시재생에서 제 역할을 다 하고 있는지, 만약 그렇지 못하다면 어떻게 해야 하는지 살펴보자.

2. 홍대앞 책문화공간 vs. 파주출판단지

우리나라의 대표적인 책문화공간을 꼽으라고 하면 아마도 많은 사람들이 명실공히 출판의 메카로 거듭난 '파주출판단지'와 다양한 문화예술을 토대로 형성된 홍대앞 북카페를 들 것이다.

먼저 '파주출판단지'를 살펴보면 파주는 200여 개의 중소 규모 출판기업들이 조합을 결성하고 출판 산업의 집중화를 통한 활성화를 꾀하고자 관의 지원을 받아 파주에 조성한 계획적인 출판도시이다. 그 후 2007년까지 출판사, 인쇄업체, 출판유통회사, 지류유통, 제본 등 총 300개사가 입주하여 고용인원 1만 명이 넘는 대규모 출판도시가 되었다.[162]

파주출판단지는 건물 재건축 위주의 토목학적 도시재생에서 벗어나 녹지와 건축적 요소를 가미한 개성적이고 독창적인 책문화공간을 만들어냈다. 덕분에 도시재생의 좋은 사례로 언급되는 경우가 많다. 하지만 특별한 행사가 열릴 때를 제외하면 출판관련종사자가 아닌 다른 사람의 발길이 거의 없는 이곳을 앙리 르페브르가 말한 '생동공간'으로 보기는 어렵다. 셔틀버스를 타고 아침이면 밀려왔다 저녁이면 일제히 빠져나가는 사람들에게 그곳은 업무 공간 그 이상도 이하도 아니다. 서점을 겸한 아늑한 북카페와 24시간 개방하는 멋들어진 도서관이 있지만, 이용하는 사람은 주말에만 찾아오는 관광객이 대부분이다. 접근성이나 시설이용 편의성이 낮은 탓이다. 출판문화와 출판 관련 종사자만이 존재하는 공간에서 다양한 문화의 재생산은 기대하기 힘들다.

이에 비해 많은 이들의 발길이 끊이지 않는 홍대앞 북카페는 파주출판단지보다 훨씬 활기찬 책문화공간이다. 홍대앞 북카페는 출판사에

162) 이상훈 외, 「파주출판도시 활성화 방안」, 경기개발연구원 GRI정책연구, 2012, 2쪽.

서 직접 운영하는 까닭에 독자들은 어렵지 않게 저자와의 만남이나 각종 강연 프로그램에 참여할 수 있다. 뿐만 아니라 광고 촬영지로 이용될 만큼 개성 있고 세련된 외관 덕에 순수한 카페 이용객도 적지 않다. 창비출판사의 인문카페 창비가 파주에 있지 않고 홍대앞에 있는 것도 이러한 맥락에서이다. 2015년 12월 창비 북카페는 서교동에서 망원역으로 이전했다. 교통으로 보면 예전에 있던 곳보다 망원역이 접근성이 높다. 창비 카페 매니저 정지연 팀장과의 인터뷰를 통해 창비학당, 창비아카데미 같은 문화행사를 열기에는 파주보다는 홍대앞이 낫고 홍대앞 중에서도 접근성과 대중성이 탁월한 망원역을 선택한 사실을 알게 되었다.

홍대앞은 다양한 문화예술의 토대가 탄탄한 지역인 만큼 대중적 인지도와 지역민의 호감도가 높고, 서울시와 마포구가 적극적으로 지원하고 있는 터라 북카페 역시 창조공간으로서의 가능성이 매우 높다고 할 수 있다.

비산업적 도시재생으로서 문화적 지표로 만든 분석 틀로 파주출판단지와 홍대앞 북카페를 비교 분석하여 여기서 도출한 네 가지 요소를 가지고 살펴보았다.

홍대앞의 책문화공간을 좀 더 객관적으로 분석하기 위하여 설문조사를 실시하였다.[163)]

설문대상지는 홍대입구 지하철 부근의 북카페, 일반 커피숍, 마포도서관 주변 거리 등을 중심으로 10~50대 남녀 60명을 대상으로 홍대앞 북카페 방문자들 현황과 인식에 관해 설문조사를 실시했다. 설문에서 복수응답 가능으로 방문자의 직업을 물었다. 그 결과 방문자 직업과

163) 설문 시간은 2013년 6월 14~16일에 홍대 지역 방문 경험이 있는 자를 대상으로 총 60명에게 설문을 실시하였다.

방문 목적에 관한 답변으로는 출판과 영상 및 방송통신 관련자들이 가장 많았다. 그리고 기타 항목에서 홍대 부근의 회사원과 프리랜서들이 많이 이용하는 것으로 나타났다.

〈표 23〉 **홍대앞 방문자 직업 분포도**

북카페 방문자 직업	이용자 수
학생(초 · 중 · 고)	2
대학생 · 대학원생	19
출판 · 영상 · 방송통신 · 정보서비스 관련	16
교육 관련	7
예술 · 스포츠 관련	2
협회 · 단체	2
기타(회사원 · 주부 · 프리랜서)	12

다음은 이용자가 생각하는 '북카페' 인식에 관한 설문조사다. 설문조사 결과는 다음과 같다.

응답자 가운데는 북카페를 책이 많이 진열되어 있고 조용히 책을 읽거나 공부할 수 있는 카페라고 생각하는 사람이 많았으며, 출판사가 운영하는 카페가 북카페라고 생각하는 사람은 소수였다. 즉 사람들은 북카페를 책이 있는 카페라는 더 넓은 의미로 생각한다고 볼 수 있다. 실제 북카페 담당자들과 인터뷰를 통해 알아낸 바에 의하면 인테리어나 분위기 때문에 이용하러 왔다가 출판사에서 운영하고 있다는 사실을 알게 되는 경우가 더 많았다.

북카페를 한 달에 몇 번 방문하는지 횟수를 묻는 질문에는 대부분

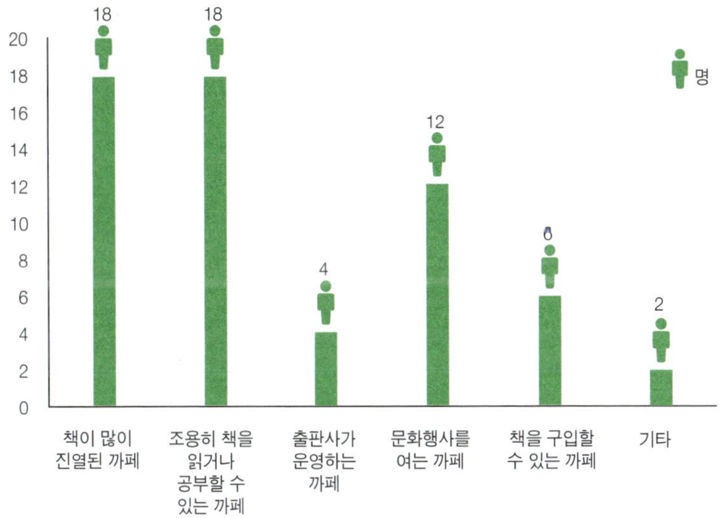

〈그림 7〉 홍대앞 북카페의 인식도

재방문이 많았고 많게는 20회가 넘는 사람도 있었다.

설문조사 가운데 자유 기입식으로 낸 항목 중 다녀왔던 북카페 이름을 적으라고 했을 때 카페꼼마가 전체 중 18명으로 가장 많았다. 그 다음으로 후마니타스, 창비 순이었다. 그 외 자음과모음 나무그늘, 오타치는 코끼리 등의 이름도 있었다. 북카페는 재방문율이 높았으며 어느 곳을 방문하는지는 목적과 용도에 따라 달랐다. 공부를 목적으로 할 경우 후마니타스의 책다방이나 인문카페 창비를 선호했고, 미팅과 담소가 목적일 경우 카페꼼마를 선호하였다. 북카페의 장단점에 대해서는 장점은 혼자 가서 책 읽기에 좋다, 오래 있어도 눈치 보이지 않아서 좋다. 책을 싸게 구입할 수 있다.[164)]

단점은 이용자들의 회전율이 낮아 자리 잡기가 어렵다, 커피값이

164) 설문조사 당시에는 도서정가제 실시 이전이었기에 북카페에서 직접 도서구매가 가능하였다.

비싸다, 메뉴가 다양하지 못하다는 의견이 많았다.

다음으로 왜 홍대앞에 북카페가 많은지, 왜 홍대앞에 모이는지에 대해서는 아래와 같은 응답이 나왔다.

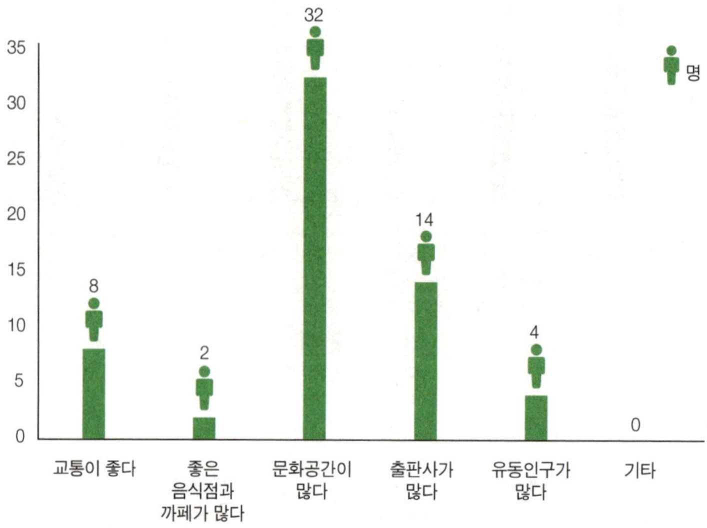

〈그림 8〉 **홍대앞에 북카페가 많은 이유**

응답자 가운데는 홍대앞의 북카페를 찾는 이유가 문화공간이 많아서라고 응답한 사람이 전체 중 32명으로 가장 많았다. 다음으로는 출판사가 많다는 응답이 14명으로 높았다. 또한 북카페가 출판사에서 운영하고 있다는 사실을 알고 있는 사람도 많았다.

이상의 북카페 설문조사와 홍대앞 문화공간에 일익을 하고 있는 관련자들과의 심층 인터뷰를 통해 도시재생에 문화공간이 얼마나 중요한 역할을 담당하는지 알 수 있었다.

파주출판단지 내에도 창조적 인재가 많으며 문화예술성 또한 높다. 그리고 각 출판사들이 세운 사옥은 건축적인 면에서도 높은 관심을 받고 있다. 하지만 민관주도로 만들어진 계획도시라는 점에서 홍대앞에 비해 자생성이 떨어지고 무엇보다 자발적인 지역 주민 참여가 부족하다. 파주출판단지는 일터로 근무하고 저녁 퇴근 시간 후면 이곳을 빠져나간다. 파주출판단지에서 저녁에 문화행사가 열리는 경우는 거의 없다. 거리상 접근성도 떨어질뿐더러, 문화적 접근성도 현재로써는 부족하다는 사실을 알 수 있다. 파주출판단지를 소개해주는 해설사의 이야기에 따르면 파주출판단지 방문자들은 대부분 주말에 인근에 있는 헤이리예술마을 관광 및 나들이를 겸해서 오는 경우가 많다고 한다.

반면에 홍대앞은 지하철 2호선과 공항철도, 경의선 철도가 만나는 곳이다. 따라서 접근성이 높다. 그리고 문화를 만드는 주체와 객체가 함께 있는 문화공간이 많다. 문화적으로 다양한 문화예술에 출판문화까지 더해졌다는 특성을 가지고 있다. 파주출판단지에 비해 자발적이며, 커뮤니티가 많다.

다만 출판사의 북카페는 저자와의 만남이나 각종 강연 프로그램을 통해 독자와 소통하는 듯 보이지만 실상은 자사의 책을 홍보하고 판매하는 목적이 뚜렷하기 때문에 생동공간, 창조적 공간이라고 보기에는 부족한 부분이 많다. 창비출판사의 북카페 정지연 팀장도 인터뷰에서 "우리는 철저히 이미지 메이킹입니다. 첫 번째 목적이 창비 홍보관이었어요"라고 말하고 있듯이, 북카페가 매출에 연연하지 않는 이유는 독자 확보를 위한 부가가치 서비스, 즉 후일을 도모하는 투자 개념이기 때문이다. 문학동네의 카페꼼마나 다른 북카페들도 사정은 별반 다르지 않다. 이렇게 일방적인 전달 문화는 문화의 소비만 이끌어낸 뿐 문화를 창출해내지 못하기 때문에 진정한 생동공간, 창조적 공간이라 할 수 없다.

문화적 삶의 가치를 높여 쇠퇴하는 도시에 다시 활력을 불어넣으려면, 관계 맺기(소통)의 방식(문화)에서 자발적인 참여와 새로운 문화를 창출하는 곳으로 확산되어야만 한다. 그렇지 않으면 지속적인 도시재생 사업은 불가능하다. 문화공간 안에서의 관계 맺기가 일방적이거나, 혹은 계몽적 성격을 띠거나 이윤 창출만을 목적으로 한다면 아무리 좋은 문화콘텐츠라도 도시재생의 동력으로 작용할 수 없다. 그런 의미에서 홍대앞 북카페 역시 도시재생 역할을 수행하기에는 아직 부족해 보인다. 자사 출판물의 홍보와 판매가 주목적이기 때문이다.

3. 책문화공간의 발전 가능성

지금까지 살펴본 바와 같이 도시재생 측면에서 거듭 문화의 중요성을 강조했다. 하지만 지금까지 문화를 시장 경제 측면으로만 바라보았지 도시를 이루는 삶의 가치에 대해 재고하는 성찰적 인식은 부족했다. 문화공간의 부가가치 창출을 제대로 이해하려면 평가 기준을 수익성이 아니라 비산업적 관점, 즉 사회적 가치를 지표로 삼아야 한다. 도시재생 패러다임은 점점 변화해가고 문화공간도 외적인 측면뿐만 아니라 운영 방식에 따른 다양한 형태가 나오고 있다.

최근 홍대앞을 중심으로 마포구 '문화예술관광 체험 비즈니스모델 구축사업'을 추진한다는 방안이 나왔다. 홍대앞은 지속적인 관심과 지원을 받으며 발전 가능성을 더욱 높이고 있다. 홍대앞은 창조도시론에서 주장하는 창조적 인재들이 몰려 있는 곳이며, 르페브르가 주장한 문화예술 중심의 지역적 토대 위에 살아 있는 생동공간이다. 여기에 공동체 사회를 목적으로 한 다양한 문화공간은 홍대앞의 지속 가능한 모델을 제시해주고 있다.

문화적 도시재생은 일방적이고 일회적 행사만으로는 추진하기 힘든 사업이다. 지역의 문화예술을 기반으로 지역 주민들과 상호 호혜적인 문하공간을 창출하지 않으면 도시의 활력을 되찾기는 불가능에 가깝다.

김홍주는 문화적 도시재생에 대하여 이렇게 언급한 바 있다.

> "문화적 도시재생을 만드는 방법으로 크게 문화 관련 제품을 생산하고 이를 산업화하는 경우(문화생산), 문화를 향유할 수 있는 공간이나 활동을 창출하는 경우(문화소비), 그리고 주민의 참여를 확대하고 사회적 자본을 증가시키는 경우(문화통합)로 구분해볼 수 있다."[165]

김홍주는 문화 생산자와 문화 소비자가 함께 만들고, 함께 참여하는 관계를 일종의 문화통합으로 보고 이것을 문화적 도시재생이라고 관련지어 설명하였다. 그렇다면 여기에서 책문화공간이 비산업적 도시재생의 구심점 역할을 하기 위해서는 어떻게 해야 하는지 몇 가지 정책적 시사점을 언급하고자 한다.

첫째, 독서문화를 독려하고 다양한 문화를 조직하는 데 힘써야 한다. '책'은 매매를 목적으로 하는 상품이다. 그러나 문화를 일으키고 퍼뜨리는 특성을 지니고 있어 다른 상품들과 달리 '문화상품'으로 분류된다. 상품의 가치로만 따지면 책은 재미나 실용성 면에서 TV나 컴퓨

---

165) 김홍주, 「문화예술을 매개로 한 창작촌의 창조네트워크와 도시재생: 문래창작촌, 광주대인 예술시장, 부산 또따또가를 중심으로」, 『한국정책학회 춘계학술발표논문집』, 한국정책학회, 2012, 229쪽.

터, 핸드폰 같은 전자기기보다 매력이 떨어지지만, 문화를 조직·유지하는 가치적 효능은 그 어떤 상품보다 뛰어나다. 대부분의 모든 문화예술 공간에 늘 책이 한자리를 차지하는 것도 그 때문이다. 다시 말해 책이라는 상품이 수익성을 높이려면 문화콘텐츠로서의 특성을 내세워 사회적 가치를 추구해야 한다. 이윤 창출을 주목적으로만 하면 책의 특유한 매력을 상실할 수밖에 없다. 출판사나 서점(북카페 포함)은 상업적 목표를 꾀하기 위해서라도 독서문화를 독려하고 다양한 문화를 조직하는 데 힘써야 한다. 그렇게 '사회적 가치, 공공성'을 놓치지 않는다면 책문화공간은 도시재생에서 핵심 역할을 수행할 수 있을 것이다.

둘째, 지역 주민의 관심과 참여를 이끌어내는 책문화공간을 만들어야 한다. 문화콘텐츠로서 책은 목적이면서 수단이 되는 큰 장점을 지녔다. 책은 텍스트 자체만으로도 독자의 욕구를 충족시키지만, 다양한 사상이나 문화예술을 조직·확산시키는 조력자가 되기도 하고 소통의 물꼬를 여는 매개체가 되기도 한다. 책문화공간이 문화의 생산·공유·전달을 가능하게 하는 소통의 장이 될 수 있는 만큼, 출판 관련 종사자는 텍스트의 기획에서 나아가 문화기획으로 역량을 높여 지역 주민의 관심과 참여를 이끌어내는 책문화공간을 만들어야 한다. 그러면 책문화공간은 도시재생의 동력을 제공하는 훌륭한 소통의 장이 될 수 있을 것이다.

마지막으로 셋째, 지역 거버넌스가 문화 거버넌스로 바뀔 수 있도록 국가기관과 긴밀하게 소통하며 지역문화 발전에 앞장서야 한다. 거버넌스란 '국가경영 또는 공공경영'을 말한다. 앞에서도 언급하였듯이 지역 내의 시장, 정부, 민간이 수평적 관계를 맺는 지역 거버넌스와 문화를 토대로 지역을 발전시키는 문화 거버넌스는 참여 대상과 경영 방식에서 차이가 있다.

도시재생에 힘쓰는 대표적인 국가로는 영국을 들 수 있다. 영국은

1980년대부터 규제를 통한 교외에서의 신규개발 억제보다는 장려를 통한 구시가지 내에서의 도시재생을 촉진하는 내부 시가지 도시재생(Inner-city Regeneration) 정책을 추진하였다.[166]

일본의 경우에도 2001년 총리를 본부장으로 하는 내각 직속의 도시재생 본부를 설치하여 도시재생에 관한 정책을 종합적이고도 강력히게 추진하기 위한 기반을 마련하였다.[167]

우리나라도 출판 관련 종사자들이 앞장서 지역의 문화적 정체성을 지키고 발전시키는 데 힘써야 할 것이다. 역사적인 장소나 유적지의 보존 또는 재개발 등 도시 내에 역사자원 및 콘텐츠를 어떻게 활용하고 알릴 것인지 연구하여 끊임없이 지역 사회와 소통할 필요가 있다.

홍대앞은 지금 상업화의 거센 바람을 맞고 있다. 그럼에도 불구하고 홍대앞이 도시재생 연구의 주요 대상이 되는 이유는 문화예술 지역으로 지금까지 쌓아온 문화적(지역적) 특성이 있고, 다양한 사람들이 서로 소통하며 새로운 문화를 창출하는 살아 있는 생동공간의 모습을 담고 있기 때문이다. 홍대앞의 사례가 향후 다른 지역들에서도 비산업적 도시재생의 좋은 모델이 되었으면 한다.

---

166) 강준모·박정민, 「도심재생의 정책 및 제도에 관한 연구」, 『대한토목학회논문집』, 대한토목학회, 2008, 139-140쪽.

167) 「일본의 도시재생정책과 도시계획적 의의, 도시정보, 서울」, 『도시정보』 12월호, 2002, 15쪽.

맺음말

비산업적 도시재생 연구는 지금까지 문화적 도시재생이 산업화의 편향된 시각에서 머물러 있어서는 안 된다는 성찰적 고민에서 시작되었다. 경제성장 중심의 의식에서 벗어나 사회적 조직과 인간의 존엄성을 회복하는 인간 존중의 문화에서 비롯되어야 한다는 절박한 필요성을 학문적 시각에서 바라본 것이다. 사람들이 자발적으로 관계를 맺으면서 상호 호혜적인 '생동공간'을 만들고 그 안에서 다양한 소통을 통해 '제3의 공간'으로 거듭난다면 자유롭게 창의적 문화를 꽃피우는 '창조도시'가 될 수 있다. 그렇게 여럿이 함께 되살린 공동체적 삶터는 역동적이고 지속적인 문화공간이 되는 동시에 비산업적 도시재생의 중요한 동력이 된다. 진정한 의미의 도시재생의 토대가 되는 것이다.

또한 해외의 대표 책문화공간을 살펴보고 홍대앞 책문화공간을 활용한 비산업적 도시재생을 연구·분석함으로써 출판문화의 발전 방향을 모색해보았다. 홍대앞 책문화공간의 발전 방향을 연구하며, 출판문화가 비산업적 도시재생의 동력으로서 충분한 가치가 있음을 확인했다.

아울러 홍대앞 책문화공간이 비산업적 도시재생의 훌륭한 본보기가 될 수 있음을 밝혀내고, 향후 홍대앞 뿐만 아니라 비산업적 도시재생이나 책문화공간 사업을 준비하는 사람들에게 참고할 만한 지침이 되길 바란다. 최근 다양한 지역, 다양한 분야에서 사회적 가치를 추구하는 책문화활동공간이 생겨나고 있다. 홍대앞 책문화공간의 비산업적 발전 방향이 그러한 움직임에 좋은 모델로 적용될 것이다.

출판사가 운영하는 북카페 못지않게 최근 주목을 받는 것이 서점이다. 대형 프랜차이즈 서점이 아닌 작고 특색 있는 서점으로 대형 서점에서는 찾아볼 수 없는 독립출판물을 전시하거나 판매한다. 대표적으로 땡스북스, 유어마인드 등이 있다.

이러한 소규모 서점들의 변화에 자극을 받아 국내 제일의 대형 서점 교보문고도 변화를 모색하고 있다. 단순히 책을 판매하던 상업공간에서 책도 읽고 차도 마시며 시간을 즐길 수 있는 문화공간으로 탈바꿈하고 있는 것이다. 서점이 단순히 책이라는 상품을 사고파는 상업공간을 넘어서 책을 즐기고 향유하는 문화공간으로 거듭나지 않으면 존폐의 위험에 놓일 것으로 판단했기 때문일 것이다.

한편, 홍대앞에 위치한 문화공간들을 살펴볼 때 빼놓을 수 없는 것이 바로 홍대앞 동네 문화 잡지를 표방하는 『스트리트H』다. 『스트리트H』는 홍대앞의 문화공간과 문화 정보를 소개하는 잡지로 지역 커뮤니티 활성화와 정보 기록을 목표로 한다.

서울시 창작공간 사업의 일환으로 문을 연 '서교예술실험센터' 역시 홍대앞 문화공간 활성화에 큰 역할을 하고 있다. 이곳은 홍대앞의 문화자원을 활용한 예술창작활동을 지원하는 데 목적을 두고 운영되고 있다. 서울시 예산으로 운영되는 곳인 만큼 공공영역의 역할과 지역 주민의 소통공간이라는 성격을 띠고 있다. 홍대앞 지역민의 자발적인 참여로 홍대앞의 독자적인 문화적 가치를 지켜나가려는 것이 이들의 목적이다.

이와 같이 홍대앞은 크고 작은 문화공간들이 자리 잡고 있음에도 홍대앞은 다음과 같은 문제점에 당면하고 있다.

첫째, 지역의 높은 임대료에 따른 젠트리피케이션 현상이 일어나고 있다. 높은 임대료에 대한 부담감으로 작업 공간을 찾아 문화예술인들이 대거 홍대앞을 떠나는 현상을 확인할 수 있었다. 최근 정부는 이들을 위한 지원 사업으로 당인리 문화창작발전소 개관을 추진하고 있다. 이러한 문제는 홍대앞 뿐만 아니라 어떤 지역에서든 생겨날 수 있는 문제라고 본다. 일시적인 해결 방법이 아니라, 향후 긴 안목으로 정책적 대안을 제시해야 할 것이다.

둘째, 비산업적 도시재생을 성공적으로 지속해가려면 지역 주민이 함께하여 사회적 가치를 창출해야 한다. 지역의 정체성을 살려 공공(公共)적 활동과 의미를 만들어야 꾸준히 그 생명력을 이어갈 수 있을 것이다. 지역의 역사성과 정체성을 지켜나가는 문화적 공공성이 절실한 때다.

홍대앞 책문화공간의 사례를 중심으로 분석한 이 연구가 향후 문화콘텐츠 연구에 비산업적 문화콘텐츠로서 살펴볼 수 있는 새로운 시각으로 접근할 수 있는 좋은 기회가 되길 바란다. 뿐만 아니라 문화 사업을 주도하는 출판업 종사자들과 책에 관심이 많은 독자들에게도 참고가 되길 바란다.

참고문헌

1. 단행본

1.1. 국내문헌

가톨릭대 고전라틴어연구소 편, 『라틴-한글사전』, 가톨릭대학교 출판부, 1995.

강내희, 『공간, 육체 권력: 낯선 거리의 일상』, 문화과학사, 1995.

강대기, 『현대도시론』, 민음사, 1987.

강진갑, 『경기지역의 역사와 지역문화』, 북코리아, 2007.

구동회, 『공간의 문화정치: 공간 문화 서울』, 현실문화연구, 1995.

국토연구원, 『공간이론의 사상가들』, 한울, 2013.

국토연구원, 『현대공간이론의 사상가들』, 한울, 2013.

김왕배, 『도시, 공간, 생활체계』, 한울, 2000.

김기태, 『저작권』, 살림출판사, 2008.

김기홍, 『마을의 재발견』, 올림, 2014.

김덕영, 『게오르그 짐멜 연구』, 나남, 1999.

김수근, 『좋은 길은 좁을수록 좋고 나쁜 길은 넓을수록 좋다』, 공간사, 1989.

김인·박수진 편, 『도시해석』, 푸른길, 2006.

류웅재·강승묵·이영주, 『작은 문화콘텐츠 만들기』, 한울, 2011.

박인석, 『아파트 한국사회』, 현암사, 2013.

박치완 외, 『문화콘텐츠 입문사전』, 꿈꿀권리, 2013.

백창화, 『유럽의 아날로그 책공간』, 이야기나무, 2011.

백창화·김병록, 『작은 책방, 우리 책 쫌 팝니다!』, 남해의봄날, 2015.

서교예술실험센터, 『홍대앞 문화예술공간 가이드북1』, 서울문화재단, 2014.

승효상 외 8인, 『서울의 재발견』, 페이퍼스토리, 2015.

심승희, 『서울시간을 기억하는 공간』, 나노미디어, 2004.

유승호, 『문화도시』, 가쎄 아카데미, 2014.

유창복, 『우린 마을에서 논다』, 또하나의문화, 2010.

유현준, 『도시는 무엇으로 사는가』, 을유문화사, 2015.

이규목, 『한국의 도시경관』, 열화당, 2002.

이무용, 『공간의 문화정치학』, 논형, 2005.

______, 『지역 발전의 새로운 패러다임 장소마케팅 전략』, 논형, 2006.

이진경, 『근대적 시공간의 탄생』, 푸른숲, 1997.

이현식, 『성찰적 창조도시와 지역문화』, 글누림, 2012.

임대근 외, 『문화연구와 문화콘텐츠: 사례분석을 통한 학문적 실천』, 한국외대 지식출판원, 2014.

임상오·이보아·전영철, 『박물관 창조도시 영월』, 해남, 2007.

전병태, 『지역문화관광 활성화를 위한 융합형 레지던스 공간 설립 및 운영 방안 연구』, 한국관광연구원, 2013.

전종환 외, 『인문지리학의 시선』, 논형, 2005.

정재철, 『문화연구자』, 커뮤니케이션북스, 2013.

JOH편집부, 『B-magazine TSUTAYA』, JOH&Company, 2015.

조명래, 『현대사회의 도시론』, 한울아카데미, 2002.

______, 『공간으로 사회 읽기』, 한울, 2013.

조한상, 『공공성이란 무엇인가』, 책세상, 2009.

지호, 『공간형 콘텐츠』, 커뮤니케이션북스, 2014.

출판도시문화재단기획실 편, 『파주 책마을 이야기』, 출판도시문화재단, 2008.

한국공간환경연구회, 『서울연구: 유연적 산업화와 새로운 도시·사회·정치』, 한울, 1993.

한국민족문화대백과사전편찬부, 『한국민족문화대백과사전 11』, 한국정신문화연구원, 1991.

한필원, 『한국의 전통마을을 찾아서』, 휴머니스트, 2011.

1.2. 번역서

그램 질로크, 노명우 역, 『발터벤야민과 메트로폴리스』, 효형출판, 2005.

니시야마 나스오, 김영훈·김기수·최광복 역, 『영국의 거버넌스형 마을 만들기』, 기문당, 2009.

다니엘 벨, 김원동·박형신 역, 『탈산업사회의 도래』, 아카넷, 2006.

데이비드 하비, 초의수 역, 『도시의 정치경제학』, 한울, 1996.

______, 한상연 역, 『반란의 도시』, 에이도스, 2014.

______, 구동회·박영민 역, 『포스트모더니티의 조건』, 한울, 2013.

리처드 부스, 이은선 역, 『헌책방마을 헤이온와이』, 씨앗을 뿌리는 사람들, 2003.

리처드 플로리다, 이원호·이종오·서민철 역, 『도시와 창조계급』, 푸른길, 2008.

______, 이길태 역, 『신창조계급』, 북콘서트, 2011.

레이먼드 윌리엄스, 이현석 역, 『시골과 도시』, 나남, 2013.

______, 김성기·유리 역, 『키워드』, 민음사, 2010.

마르쿠스 슈뢰르, 정인모·배정희 역, 『공간, 장소, 경계』, 에코리브르, 2010.

마르틴 하이데거, 이기상·신상희·박찬국 역, 『강연과 논문』, 이학사, 2008.

마스다 무네야키, 백인수 역, 『라이프 스타일을 팔다』, 베가북스, 2014.

발터 벤야민, 최성만 역, 『기술복제 시대의 예술 작품』, 길, 2007.

______, 김영옥·윤미애·최성만 역, 『일방통행로 사유이미지』, 길, 2007.

______, 조형준 역, 『아케이드 프로젝트』, 새물결, 2008.

사사키 마사유키·종합연구개발기구, 이석현 역, 『창조도시를 디자인하라』, 미세움, 2010.

스티븐 마일스, 박형신·정현주 역, 『현실세계와 사회이론』, 일신사, 2003.

안소니 기든스, 황명주·정희태·권진현 역, 『사회구성론』, 자작아카데미, 1998.

앙리 르페브르, 양영란 역, 『공간의 생산』, 에코리브르, 2011.

______, 정기헌 역, 『리듬분석』, 갈무리, 2013.

야나부 아키라, 김옥희 역, 『번역어의 성립』, 마음산책, 2011.

에드워드 렐프, 김덕현·김현주·심승희 역, 『장소와 장소상실』, 논형, 2005.

______, 김동국 역, 『근대도시경관』, 태림문화사, 1993.

에드워드 홀, 최효선 역, 『숨겨진 차원』, 한길사, 2013.

요시미 슌야, 안미라 역, 『미디어문화론』, 커뮤니케이션북스, 2006.

요시하라 나오키, 이상본·신나경 역, 『모빌리티와 장소』, 심산, 2010.

일레인 볼드윈 외 4인, 조애리 외 7인 역, 『문화코드 어떻게 읽을 것인가』, 한울아카데미, 2008.

제인 제이콥스, 유강은 역, 『미국 대도시의 죽음과 삶』, 그린비, 2010.

______, 서은경 역, 『도시와 국가의 부: 경제적 삶의 원칙』, 나남출판, 2010.

찰스 랜드리, 임상오 역, 『창조도시』, 해남, 2005.

______, 최지영 역, 『크리에이티브 시티 메이킹』, 역사넷, 2006.

크리스 바커, 이경숙·정영희 역, 『문화연구사전』, 커뮤니케이션북스, 2009.

피에르 브르디 외, 정일준 역, 『구별짓기』, 새물결, 1995.

한나 아렌트, 이진우 외 역, 『인간의 조건』, 한길사, 2002.

1.3. 외국 문헌

Anthony Giddens, *The Consequences of Modernity*, Cambridge: Polity, 1990.

______, *Modernity and Self-identity*, Cambridge: Polity, 1990.

Augusin Berque, 宮原信　訳, 『空間の日本文化』, 筑摩書房, 1994.

Edward Relph, *Place and placeless,* London: Pion Ltd, 1976.

______, *The Modern Urban Landscape*, Baltimore: The Johns Hopkins University Press, 1987.

Edward Soja, *The Third space: Journey to Los Angeles and Other Real-and Imagined Palces*, Oxford: Basil Blackwell, 1996.

______, *Postmetropolis*: Critical Studies of *Cities and Region, Oxford*: Basil Blackwell, 2000.

Henri Lefebvre, Donaldson-Smith trans., *The Production of Space*, N. Oxford: Basil Blackwell, Originally published, 1974.

Jane Jacobs, *The Death and Life of Great American Cities*, Modern Library, 2011.

Johnston, Gregory and Smith, *The Dictionary of Human Geography*, Oxford: Blackwell, 1994.

Paul L. Knox, *Urbanization: An Introduction to Urban Geography*, Englewood: Prentice Hall, 1993.

Richard Florida, *The Rise of The Creative Class*, Two Edition Basic Book, 2011.

Ray Oldenberg, *The Great Good Place,* Dacapo, 1999.

Richard Florida and Irene Tinagli, *Europe in the Creative Age*, Demos, 2004.

亀井秀雄,『日本人の「翻訳」:言語資本の形成をめぐって』, 岩波書店, 2014.

佐々木雅幸,『創造都市への挑戦:産業と文化の息づく街へ』, 岩波書店, 2001.

______,『CAFE—創造都市·大阪への序曲』, 法律文化社, 2006.

______,『創造都市への展望: 都市の文化政策とまちづくり』, 学芸出版社, 2007.

佐々木雅幸·川井田祥子·萩原雅也,『創造農村:過疎をクリエイティブに生きる戦略』, 学芸出版社, 2014.

菅付雅信,『はじめての編集』, アルテスパブリッシング, 2012.

末次健太郎,「伊万里をつくり市民とともに育つ市民の図書館」, 第35回佐賀自治研究集会, 2014.

2. 학술 논문

2.1. 국내 논문

강도원,「방문자 특성에 따른 장소성 인식과 행동의도와의 관련성 분석: 홍대 지역을 대상으로」, 한양대 석사학위논문, 2012.

강준모·박정민,「도심재생의 정책 및 제도에 관한 연구」,『대한국토도시계획학회』, 2002.

권니아, 「파주출판문화정보산업단지의 이용 후 평가」, 『한국생태환경건축학회집』 제10권 2호, 2010.

고경모, 「문화도시의 장소마케팅 관점으로 본 홍대 지역 클럽문화에 대한 연구」, 홍익대 석사학위논문, 2005.

구모니카, 「디지털 시대의 읽기·쓰기 문화연구: 디지털 개인출판 플렛폼을 중심으로」, 한국외대 박사학위논문, 2014.

김경태, 「김수근의 건축적 패러다임의 변화와 그 배경에 관한 연구」, 수원대 석사학위논문, 1995.

김수아·백미숙, 「서울시 문화공간의 담론적 구성: 홍대 공간을 중심으로」, 서울연구원, 2013.

김영인, 「도시창조성지수 설정과 서울 및 6대 광역시의 창조성 비교연구」, 한양대 박사학위논문, 2010.

김원동, 「다니엘 벨의 탈산업화이론 연구—고용구조 변화의 추이와 서비스 부문에 대한 분석을 중심으로」, 『사회이론』 제15집, 2011.

김은애, 「파주출판도시의 업체 간 연계와 외부효과에 관한 연구」, 서울대 석사학위논문, 2009.

김인현, 「창조도시 요코하마시(横浜市)와 가나자와시(金沢市)의 비교—창조도시 광주광역시에의 제언」, 『일본문화연구』 제39집, 2011.

김정호, 「창조도시의 도시경쟁력 메카니즘에 관한 연구」, 『도시행정학보』 제26호, 2013.

김진영, 「역사문화콘텐츠를 활용한 철원지역 활성화 방안에 관한 연구: 궁예와 태봉제를 중심으로」, 『글로벌문화콘텐츠학회』 제3호, 2009.

김평수, 「문화공공성과 저작권: 저작권강화의 정당성에 대한 비판적 연구」, 한국외대 박사학위논문, 2010.

김홍주, 「문화예술을 매개로 한 창작촌의 창조네트워크와 도시재생: 문래창작촌, 광주대인 예술시장, 부산 또따또가를 중심으로」, 『한국정책학회 춘계학술발표논문집』, 한국정책학회, 2012.

노대명, 「앙리 르페브르의 '공간생산 이론'에 대한 고찰」, 『공간과 사회』 제14호, 1997.

라도삼·박은실·오민근·우윤석, 「창조도시의 의의와 사례」, 『도시정보』 제317호, 2008.

로브쉴즈·조명래, 「앙리 르페브르: 일상생활의 철학」, 『공간과 사회』통권 14호, 2000.

문근이, 「제3의 공간으로서 카페의 공간연출전략」, 건국대 석사학위논문, 2014.

문유심, 「공간개발에 대한 미디어 담론 연구: 용산 개발과 용산참사에 대한 동아일보 기사를 중심으로」, 고려대 석사학위논문, 2014.

민운기, 「서울대미대 졸업자의 배다리 주민되기」, 『황해문화』 통권 81호, 2013.

박범준, 「소통의 문화콘텐츠학 학문적 체계 연구」, 한국외대 박사학위논문, 2014.

______, 「소통으로서의 문화콘텐츠학 담론 모색과 '배치'를 통한 콘텐츠 기획연구」, 『글로벌 문화콘텐츠』 제8호, 2012.

박서호, 「사회와 공간간의 관계에 대한 연구—조선시대 문중마을을 대상으로」, 서울대 박사학위논문, 1993.

박영민, 「르페브르의 실천전략과 사회공간」, 『공간과 사회』 통권 9호, 2000.

박태호, 「서구의 근대적 주거공간에 관한 공간사회학적 연구—근대적 주체의 생산과 관련하여」, 서울대 박사학위논문, 1998.

백경민, 「문화예술 클러스터를 통한 지역변화 고찰—홍대 지역과 대학로를 중심으로」, 고려대 석사학위논문, 2012.

배은석, 「지속 가능한 농촌 발전을 위한 에코뮤지엄 모델 연구: 이천 율면 부래미마을을 중심으로」, 한국외대 박사학위논문, 2012.

백선혜·라도삼, 「예술을 통한 지역 만들기 연구방안」, 서울시 시정개발연구원, 2008.

손미경, 「문화플랫폼으로서 도쿄 오사카 코리아 타운 연구」, 한국외대 박사학위논문, 2013.

송희영, 「도시와 창조계급」, 『글로벌문화콘텐츠』 제5호, 2010.

______, 「서촌의 마을 만들기를 향한 두 가지 관점연구—서촌과 세종마을, 마을 명칭 논쟁을 중심으로」, 『예술경영연구』 제20호, 2011.

신정아, 「문화콘텐츠 기획의 관점에서 본 사이존재」, 『글로벌문화콘텐츠』 제9호, 2012.

오현숙, 「デュルケ-ム社會學の特質とその後の展開(뒤르케임 사회학의 특질과 그후의 전개)」, 일본고베대학 대학원, 1994.

옥은실, 「홍대앞 문화들의 변화에 대한 고찰: 1990년대 후반 이후 홍대앞 다시보기」, 한국외대 석사학위논문, 2009.

윤미애, 「도시, 기억, 산보—벤야민의 거리의 산보객 이론에 관하여」, 『오늘의 문예비평』, 2003.

위군(魏群), 「문화창의산업 클러스터 활성화 방안에 관한 연구—곡부(曲阜) 공자문화창의산업진흥원의 설립방안을 중심으로」, 한국외대 박사학위논문, 2014.

이건웅·최준란, 「한국 대형 출판기업의 그룹화와 브랜드 다각화 분석」, 『한국출판학회』 제66호, 2014.

이기상, 「문화콘텐츠 학의 이념과 방향」, 『인문콘텐츠』 제23호, 2011.

이동연, 「진정한 독립을 꿈꾸는 문화어소시에이션 자립음악 생산조합」, 『로컬플랫폼』 제35호, 인천문화재단, 2012.

이득재, 「공간, 계급, 그리고 로컬리티의 문화」, 『로컬리티 인문학』 제6호, 2011.

이무용, 「장소마케팅 전략에 관한 문화정치론적 연구: 서울 홍대 지역 클럽 문화를 사례로」, 서울대 박사학위논문, 2003.

______, 「장소마케팅 전략의 문화적 개념과 방법론에 관한 고찰」, 『대한지리학회지』 제41권 제1호, 한국지리학회, 2006.

______, 「도시 브랜드: 장소마케팅을 통한 도시브랜드 만들기—서울 홍대 지역 클럽문화 브랜드개발을 사례로」, 『도시문제』, 2007.

______, 「홍대 지역 클럽문화, 그곳에 담긴 욕망과 생성의 문화정치」, 대한지리학회 춘계학술대회, 2005.

이병민, 「콘텐츠 생태계 중심 창조적 문화도시의 발전 방향」, 『인문콘텐츠』, 2012.

이상훈 외, 「파주도시 활성화방안」, 경기개발연구원 GRI 정책연구, 2012.

이석환, 「도시 가로의 장소성 연구—대학로의 사례를 심으로」, 서울대 .박사학위논문, 1998.

이순자·장은교, 「지역거점 문화도시 조성사업의 추진실태 및 향후 과제」, 국토연구원, 2012.

이성진, 「배다리·우각로의 역사적 의미」, 인천문화재단, 2007.

이숙향, 「持続可能な地域コミュニティを創る担い手をとしての生協-日韓生協の福祉事業を中心に」, 立教大學位論文, 2012.

이승용, 「살고 싶은 도시 만들기를 위한 정책토론회」, 『국토』, 국토연구원, 2006.

이현식, 「2015 세계 책의 수도 인천과 런던 북페어」, 『황해문화』 여름호, 2014.

임대근, 「문화·환경·기술: 의미작용과 지식생산의 재구성」, 『문화+콘텐츠』 창간호, 2012.

______, 「문화콘텐츠 개념재론」, 『문화+콘텐츠』 제4호, 2014.

______, 「문화콘텐츠 연구의 학문적 위상」, 『인문콘텐츠』 제38호, 2015.

임상오, 「창조도시 진흥을 위한 창조산업의 활성화전략」, 『월간국토』 제322호, 2008.

장유경·오광석·유재우, 「상하이 티엔즈팡의 형성과 공간 변용 연구」, 『대한건축학회논문집 계획계』 제29권 제2호(통권 292호), 2013.

정선기, 「도시민의 생활양식과 삶의 질(QOL)」, 『사회과학연구』 제25권 2호, 2014.

정진오, 「살아 숨 쉬는 인천 배다리」, 인천문화재단, 2010.

조명래, 「문화적 도시재생과 공공성의 회복: 한국적 도시재생에 관한 비판적 성찰」, 『공간과 사회』 제37호, 2011.

______, 「파주출판도시의 긴장과 딜레마」, 『문화과학』 제41호, 공간연구, 2005.

진희선·송재룡, 「칼 폴라니의 '전환적' 사회경제 사상에 대한 고찰—시장경제에서의 사회적 가치를 중심으로」, 『사회사상과 문화』 제28호, 동양사회사상 학회, 2013.

추용욱, 「문화도시의 가로경관재생을 위한 연속전략 연구」, 홍익대 박사학위논문, 2007.

홍기빈, 「시장경제와 로컬리티(재)구성의 역동성에 대한 칼폴라니의 관점」, 『로컬리티 인문학』 제11호, 2014.

황희연, 「도시중심부의 토지이용변화에 대한 생태학적 연구」, 서울대 박사학위논문, 1987.

2.2. 해외 논문

Chen Haijing, "A Study of Japanese Loanwords in Chinese", university of Oslo, 2014.

孔翔·钱俊杰, 「浅析文化创业产业发展与上海田子坊地区的空间重塑」, 『人文地理』, 第3期总第119期, 2011.

佐々木雅幸, 「ジェイコブズと創造都市(特集 J.ジェイコブズの都市思想と仕事)」, 『地域開発』 503, 日本地域開発センター, 2006.

______,「創造都市の大阪モデルを求めて」, 創造都市研究:大阪市立大学大学院創造都市研究科紀要, 2006.

辻雅之,「登録文化財を活用した地域拠点形成と歴史まちづくり」,『創造都市研究e』 9巻1号, 2014.

3. 기타 자료

3.1. 보고서

고윤미,「해외 창조지수 현황분석 및 국내 창조경제지수 개발을 위한 제언」, 한국과학기술기획평가원, 2013.

라도삼,「마을문화 만들기 사례와 전략연구」, 서울시 시정개발연구원, 2012.

류정아,「지역문화 지표개발 및 시범적용 연구」, 문화체육관광부, 2012.

서울문화재단 서교실험센터,『홍대앞 문화예술 생태계 활성화를 위한 정책연구 과제』, 서울문화재단, 2015.

유네스코한국위원회,「한눈에 보는 2014 문화와 발전」, 문화체육관광부, 2014.

이순자·장은교,「지역거점 문화도시 조성사업의 추진실태 및 향후 과제」, 국토연구원, 2012.

이희연,「창조도시: 개념과 전략」,『월간국토』 제322호, 국토연구원, 2008.

임경화 편집,『M's 컬처&아트 속속들이 모음집』, 마포구문화체육과, 2011.

한국문화예술위원회,「문화예술의 공공재적 가치와 역할 재설정연구」, 한국문화예술위원회, 2014.

______, 「예술지수(Arts Index) 개발연구」, 한국문화예술위원회, 2013.
한국출판문화산업진흥원, 『2012 출판산업 실태보고』, 2012.
한국출판연구소, 『2013 독서실태 조사』, 문화체육관광부, 2013.
HOME AFFAIRS BUREAU, *A STUDY CREATIVITY INDEX*, 2005.
KEA European Affairs, "The Impact of Culture of Creativity", European Commission, 2009.
Richard Florida and Irene Tinagli, "Europe in the Creative Age", Demos, 2004.

3.2. 강의록

임대근, 「문화콘텐츠학입문」, 한국외대 글로벌문화콘텐츠학과 2013년 1학기 강의록.
______, 「한류와 세계의 팝컬처」, 한국외대 국제지역대학원 2013년 2학기 강의록.
______, 「문화공간과 문화콘텐츠」, 한국외대 글로벌문화콘텐츠학과 2015년 1학기 강의록.
조명래, 「앙리 르페브르의 『공간의 생산』 강의」, 다중지성의정원아카데미. (강의일 2015년 4~5월)

3.3. 인터넷 사이트

서교예술실험센터 http://cafe.naver.com/seoulartspace/
마포구청 홈페이지 http://www.mapo.go.kr/
일본 文部科學省 http://www.mext.go.jp/

3.4. 방송·강연

「책마을 창시자 리처드 부스 초청강연」, 『군포시』, https://youtu.be/CTelR7UMNuY, 2015년 9월 12일.

민운기, 「인천원도심재생과 문화예술의 역할」, https://www.youtube.com/watch?v=bLXQTD3KaEA, 2013년 12월 25일.

「홍대를 떠나는 사람들/민달팽이, 집을 짓다」, 『KBS 열린 채널』 제684회, 2015년 11월 13일.

______, 「지속 가능한 도시와 문화 "지속 가능한 마을을 꿈꾸는 배다리사람들"」, 『인천컴팩트스마트시티』, 2013년 9월 13일.

승효상, 「진중권의 문화다방 1부」, 『창비라디오』, 2014년 7월 31일.

______, 「진중권의 문화다방 2부」, 『창비라디오』, 2014년 8월 7일.

塚部芳和(佐賀県 伊万里市長) 외 2인, 「首長が語る地方行政の現状と図書館への期待」, https://www.youtube.com/watch?v=Je8Hds_kEdI, 2015년 1월 19일.

増田宗昭, 「美と生活をデザインする街」, https://www.youtube.com/watch?v=T4n3QjcuTo0, 2015년 1월 19일.

3.5. 법률안

「도시재생 활성화 및 지원에 관한 특별법」, 2015년 7월 1일 개정안.

3.6. 신문 기사

「모든 대학가 퇴폐업소 추방/서울시 대대적 정비작업 추진」, 『동아일보』, 1992년 11월 10일자.

「일본의 도시재생 정책과 도시계획적 의의」, 『도시정보』, 2002년 11월호.

「폐관위기 씨어터제로 살리기 나섰다」, 『한겨레신문』, 2004년 2월 6일자.

「홍대의 상징 Club Day 10년 만에 폐지」, 『캠퍼스 라이프』, 2011년 4월 15일자.

「왜냐면—사서 없는 도서관은 창고일 뿐이다」, 『한겨레신문』, 2014년 7월 2일자.

「인터뷰: 서울시 총괄 건축가란 이름으로 대중 앞에서 선 승효상」, 『국민일보』, 2014년 10월 22일자.

「伊万里市民図書館、開館２０周年」, 『佐賀新聞』, 2015년 7월 14일자.

「마포구 홍대앞 예술인들 안 떠나가게 할 해법 찾기 포럼 개최」, 『헤럴드경제』, 2015년 12월 3일자.

책문화공간과 도시재생

홍대앞 책문화공간을 중심으로

초판 1쇄 발행 2017년 3월 10일
초판 2쇄 발행 2017년 12월 7일

지은이 최준란
발행인 김인철
총괄 · 기획 가정준 Director, University Knowledge Press
편집장 신선호 Executive Knowledge Contents Creator
도서편집 박현정 Contents Creator
전자책편집 이리나 e-Contents Creator
재무관리 김은혜 Managing Creator
마케팅 파트장 백승이 Chief Marketing Creator
마케팅 박종원 Marketing Creator
발행처 한국외국어대학교 지식출판원
02450 서울특별시 동대문구 이문로 107
전화 02)2173-2493~7
팩스 02)2173-3363
홈페이지 http://press.hufs.ac.kr
전자우편 press@hufs.ac.kr
출판등록 제6-6호(1969. 4. 30)
디자인 · 편집 디자인 퍼브 02)2254-4308
인쇄 · 제본 네오프린텍(주) 02)718-3111

ISBN 979-11-5901-181-8 03530 정가 15,000원

*잘못된 책은 교환하여 드립니다.

HU:NE은 한국외국어대학교 지식출판원의 어학도서, 사회과학도서, 지역학 도서 Sub Brand이다. 한국외대의 영문명인 HUFS, 현명한 국제전문가 양성(International +Intelligent)의 의미를 담고 있으며, 휴인(携引)의 뜻인 '이끌다, 끌고 나가다'라는 의미처럼 출판계를 이끄는 리더로서, 혁신의 이미지를 담고 있다.